U0266999

国家古籍整理出版专项经费资助项目

中国历代园艺典籍整理丛书

品芳录

〔清〕徐寿基 著
牛廷顺 译注

长江出版传媒
湖北科学技术出版社

图书在版编目（CIP）数据

品芳录 / (清) 徐寿基著 ; 牛廷顺译注 . — 武汉 : 湖北科学技术出版社 , 2022.1
(中国历代园艺典籍整理丛书 / 程杰 , 化振红主编)
ISBN 978-7-5352-7525-7

Ⅰ . ①品… Ⅱ . ①徐… ②牛… Ⅲ . ①花卉—观赏园艺—中国—清代 Ⅳ . ① S68

中国版本图书馆 CIP 数据核字 (2021) 第 239841 号

品芳录
PINFANG LU

责任编辑：胡　婷
封面设计：胡　博
督　　印：刘春尧

出版发行：湖北科学技术出版社
地　　址：武汉市雄楚大街 268 号湖北出版文化城 B 座 13—14 层
电　　话：027-87679468　　　　邮　　编：430070
网　　址：http://www.hbstp.com.cn
印　　刷：武汉市金港彩印有限公司　　　　邮　　编：430023
开　　本：889mm×1194mm　1/32　7.75 印张
版　　次：2022 年 1 月第 1 版
印　　次：2022 年 1 月第 1 次印刷
字　　数：190 千字
定　　价：68.00 元

总序

花有广义和狭义之分。广义的花即花卉，统指所有观赏植物，而狭义的花主要是指其中的观花植物，尤其是作为观赏核心的花朵。古人云："花者，华也，气之精华也。"花是大自然的精华，是植物进化到最高阶段的产物，是生物界的精灵。所谓花朵，主要是被子植物的生殖器官，是植物与动物对话的媒介。花以鲜艳的色彩、浓郁的馨香和精致的结构绽放在植物世界葱茏无边的绿色中，刺激着昆虫、鸟类等动物的欲望，也吸引着人类的目光和嗅觉。

人类对于花有着本能的喜爱，在世界所有民族的文化中，花总是美丽、青春和事物精华的象征。现代研究表明，花能激发人们积极的情感，是人类生活中十分重要的伙伴。围绕着花，各种文化都发展起来，人们培植、观赏、吟咏、歌唱、图绘、雕刻花卉，歌颂其美好的形象，寄托深厚的情愫，装点日常的生活，衍生出五彩缤纷的物质与精神文化。

我国是东亚温带大国，花卉资源极为丰富；我国又是文明古国，历史十分悠久。传统文化追求"天人合一"，尤其尊重自然。"望杏敦耕，瞻蒲劝穑"，"花心柳眼知时节"，"好将花木占农候"，这些都是我国农耕社会古老的传统。"花开即佳节"，"看花醉眼不须扶，花下长歌击唾壶"，总是人生常有的赏心乐事。花田、花栏、花坛、花园、花市等花景、花事应运而生，展现出无比美好的生活风光。而如"人心爱春见花喜""花迎喜气皆知笑"，花总是生活幸福美满的绝妙象征。梅开五福、红杏呈祥、牡丹富贵、莲花多子、菊花延寿等吉祥寓意不断萌发、积淀，传载着人们美好

的生活理想，逐步形成我们民族系统而独特的装饰风习和花语符号。至于广大文人雅士更是积极系心寄情，吟怀寓性。正如清人张璨《戏题》诗所说，“书画琴棋诗酒花，当年件件不离它”。花与诗歌、琴棋、书画一样成了士大夫精神生活不可或缺的内容，甚而引花为友，尊花为师，以花表德，借花标格，形成深厚有力的传统，产生难以计数的文艺作品与学术成果，体现了优雅高妙的生活情趣和精神风范。正是我国社会各阶层的热情投入，使得我国花卉文化不断发展积累，形成氤氲繁盛的历史景象，展现出鲜明生动的民族特色，蕴蓄起博大精深的文化遗产。

在精彩纷呈的传统花卉文化中，花卉园艺专题文献无疑最值得关注。根据王毓瑚《中国农学书录》、王达《中国明清时期农书总目》统计，历代花卉园艺专题文献多达三百余种，其中不少作品流传甚广。如综类通述的有《花九锡》《花经》《花历》《花佣月令》等，专述一种的有《兰谱》《菊谱》《梅谱》《牡丹谱》等，专录一地的有《洛阳花木记》《扬州芍药谱》《亳州牡丹志》等，专录私家一园的有《魏王花木志》《平泉山居草木记》《倦圃莳植记》等。从具体内容看，既有《汝南圃史》《花镜》之类重在讲述艺植过程的传统农书，又有《全芳备祖》《花史左编》《广群芳谱》之类辑录相关艺文掌故辞藻的资料汇编，也有《瓶史》《瓶花谱》等反映供养观赏经验的专题著述。此外，还有大量农书、生活百科类书所设花卉园艺、造作、观赏之类专门内容，如明人王象晋《群芳谱》“花谱”、高濂《遵生八笺》

“四时花纪”“花竹五谱”、清人李渔《闲情偶寄》“种植部”等。以上种种，构成了我国花卉园艺文献的丰富宝藏，蕴含着极为渊博的理论知识和专业经验。

湖北科学技术出版社拟对我国历代花卉园艺文献资料进行全面的汇集整理，并择取一些重要典籍进行注解诠释、推介普及。本丛书可谓开山辟路之举，主要收集古代花卉专题文献中篇幅相对短小、内容较为实用的十多种文献，分编成册。按成书时间先后排列，主要有以下这些。

1.《花九锡·花九品·花中三十客》，唐人罗虬、五代张翊、宋人姚宏等编著，主要是花卉品格、神韵、情趣方面标举名目、区分类别、品第高下的系统名录与说法。

2.《花信风·花月令·十二月花神》，五代徐锴、明人陈诗教、清人俞樾等编著，主要是花信、月令、花神方面的系统名录与说法。

3.《瓶花谱·瓶史·瓶史月表》，明人张谦德、袁宏道、屠本畯著，系统介绍花卉瓶养清供之器具选择、花枝裁配、养护欣赏等方面的技术经验与活动情趣，相当于现代所说的插花艺术指导。

4.《花里活》，明人陈诗教编著，着重收集以往文献及当时社会生活中生动有趣、流传甚广的花卉故事。

5.《花佣月令》，明人徐石麒著，以十二个月为经，以种植、分栽、下种、过接、扦压、滋培、修整、收藏、防忌等九事为纬，记述各种花木的种植、管理事宜。

6.《培花奥诀录·赏花幽趣录》，清人孙知伯著。前者

主要记述庭园花木一年四季的培植方法，实用性较高；后者谈论一些重要花木欣赏品鉴的心得体会。

7.《名花谱》，清人沈赋编著，汇编了九十多种名花异木物性、种植、欣赏等方面的经典资料。

8.《倦圃莳植记》，清人曹溶著，列述四十多种重要花卉以及若干竹树、瓜果、蔬菜的种植宜忌、欣赏雅俗之事，进而对众多花木果蔬的品性、情趣进行评说。

9.《花木小志》，清人谢堃著，细致地描述了作者三十多年走南闯北亲眼所见的一百四十多种花木，其中不乏各地培育出来的名优品种。

10.《品芳录》，清人徐寿基著，分门别类地介绍了一百三十六种花木的物性特色、种植技巧、制用方法等，兼具观赏和实用价值。

以上合计十九种，另因题附录一些相关资料，大多是关乎花卉品种名目、性格品位、时节月令、种植养护、观赏玩味的日用小知识、小故事和小情趣，有着鲜明的实用价值，无异一部“花卉实用小丛书”。我们逐一就其文献信息、著者情况、内容特点、文化价值等进行简要介绍，并对全部原文进行了比较详细的注释和白话翻译，力求方便阅读，衷心希望得到广大园艺工作者、花卉爱好者的喜欢。

程　杰　化振红
2018 年 8 月 22 日

解题

《品芳录》作者徐寿基，字桂珫，江苏武进（今江苏省常州市武进区）人，生卒年不详。光绪六年（1880）进士及第，曾任山东某县知县。著作有《经义悬解》《春秋释地韵编》《甲子纪年表》《玩古》《续广博物志》《旷论》《酌雅堂骈体文集》等。

《品芳录》刊刻于清光绪十二年（1886），载录花卉树木共计一百三十六种。全书分嘉树、柔条、佳卉、成实、美荫、临波六部分，其中嘉树部分包括牡丹、玉兰、桂花、木笔、山茶等共计十八种，柔条部分包括迎春、月季、蔷薇、木香、瑞香等共计二十八种，佳卉部分包括蓍草、灵芝、兰花、香草、芸香等共计五十二种，成实部分包括梅花、海棠、杏、桃、李等共计十八种，美荫部分包括松树、柏树、竹、芭蕉、椿等共计十种，临波部分包括莲花、水仙、菱花、萍花、蓼花等共计十种。每一种花卉名下分列名状、栽种、制用等项，其中名状介绍花卉的别称、形状、颜色、品种优劣，以及花期等内容；栽种介绍花卉的嫁接、扦插、种植，以及禁忌等事宜；制用介绍花卉的食用、佩用、药用，以及祭祀等功能；附录则介绍与该花卉相类似的不同品种。一百三十六种花卉的名状、栽种、制用等介绍完后，文末还附有与种植花卉有关的二十四风信、七十二候序和十二月课。值得注意的是，每一种花卉目录下，作者都借用钟嵘《诗品》四字赞语一句，点出该品韵色，独具匠心。如牡丹题曰“神存富贵”，玉兰题曰“体素储洁”，兰花题曰“幽人空山”，桂花题曰“明月前身”，木笔题曰“如写阳春”，冬青题曰“犹春于

绿”，佛见笑题曰“妙契同尘”，指甲花题曰“著手成春”，剪罗题曰“伊谁与裁”，如是，等等，皆妙造自然。

《品芳录》有清光绪十二年乐意吟馆刻本，现存北京师范大学图书馆、南京大学图书馆和山东大学图书馆。光绪十三年（1887）刊刻的《志学斋集》（三十九卷）也录有《品芳录》，现存于苏州大学图书馆。此外《志学斋集·七种》之刻本，亦录有《品芳录》，现藏于北京大学图书馆。1965年，台北广文书局出版了《品芳录》。1976年8月，台北广文书局又出版了笔记五编之《兰言述略·品芳录》，该书是目前《品芳录》的最新版本。

《品芳录》作为《中国历代园艺典籍整理丛书》中的一员，在我国园艺史、花卉史上具有重要的地位和影响力。《品芳录》虽不如宋陈景沂所著《全芳备祖》那般集花谱类著作之大成，亦不及《群芳谱》录植物之繁多，但就每种花卉品目的名状、栽种、制用等方面的详细介绍而言，也有一定的特色。这些方面的介绍或载录前人的说法，或根据自身的经验，林林总总，不乏独到之处。关于花卉栽培方面的载录是该书的最大特色与价值之一，每一个品目几乎都涉及栽种方面的内容，或指出扦插、栽种之绝妙方法，或点明最佳栽种时间，或说明栽种花卉的禁忌，或借用农谚、种诀来指明种植之要点，这些花卉栽培方面的经验放在今天也值得我们学习与借鉴。关于花卉的制用方面，徐寿基在《品芳录》中也作为重点来介绍，其中还涉及一些典籍记载。有关花卉的食用和药用方面的载录，既关乎我国古代的饮食文化和中医药文化，也值得我们应用于现今的生活之中。此外，诸多品目中的名状、附录部分，涉及花卉的名称、别种等方面的内容，

为我们研究花卉史提供了一定的依据。

徐寿基在《品芳录》序中说："独于花木种类之广，不一品题，亦前人之疏而未详，缺而未备也。夙怀此志，求伸片言，惟是造语难工，遣辞尚雅，无取刻翠裁红，奚待妃青俪白。兹特义取乎断章，事同乎数典，就昔贤品诗之句，为今日判花之辞。"可见作者撰写该书的目的主要是通过一一品题诸花卉来弥补前人的疏漏，其最大的特色就是借鉴先贤的品诗之句，来作为该书的判花之辞。在我国花卉文化史上，《品芳录》能占一席之地，很大的原因就在于它既能作为介绍植物栽培的著作教人栽培花卉，又不失文学文化气息，引经据典，农谚、典籍随手拈来，且又以品诗之语品花，妙趣横生。

我国是世界上植物资源最丰富的国家之一，有着悠久的植物栽培历史，尤其是花卉的栽培与应用极具民族特色。古代士人爱风雅，莳花弄草自然成了他们追求风雅的一种生活方式。在这种情况下，花卉类著作的产生与盛行也是自然而然的了。《品芳录》成书于清光绪年间，此时有不少外来花卉涌入国内，且我国的花文化已经处于鼎盛之后的持续发展期。该书是清代士人爱花、种花的表现，有追风逐雅的意味，但最大的价值莫过于有关栽种、制用的知识。《品芳录》所载的花卉栽种方法、食药制用，具有很重要的现代应用价值，这也是该书留给我们的最大财富。

目录

佳卉 / 087

成实 / 153

序

〔清〕杨晋

崇绿围屏，雅红叠嶂。小园似庾，荒径殊陶[1]。备四时之佳气，抱千古之幽心。一庭散其春霭，半亩聚其芳丛。一树百树，千花万花，表色殊艳，吐气异郁，环周轮转，此谢彼开。露气下而沉寒，日光上而送暖。压檐叶重，妨帽枝斜。古石历落而左右，花台高下而东西。一室斗大，小窗洞明。虽无丘壑层叠之势，亦具林木蓊荟[2]之观，足以寄吟情，悦清盼，招良朋，成宴集[3]。或资谈以啜茗，或遣兴以酌酒，或弹琴以忘机，或对弈以习智。铃响振籁，幢[4]飞泛彩。鸟鸣在树，时闻滑稽。蝶飞过墙，辄讶仙梦。成趣[5]由于日涉，耽读迂其不窥。兀坐相对，足可忘言。转念芳菲，忽触遐想。夫金谷之园[6]几满，河阳之植[7]虽繁。诗人多托兴之辞，骚客摅言愁之作。释名[8]仅见于上古，为状备载于南方[9]。下至才人咏歌而作赋，妙手绘画而成图，摹写尽致，曲体穷情。独于花木种类之广，不一品题，亦前人之疏而未详，缺而未备也。夙怀此志，求伸片言，惟是造语难工，遣辞尚雅，无取刻翠裁红，奚待妃青俪白[10]。兹特义取乎断章，事同乎数典，就昔贤品诗之句，为今日判花之辞。拙既堪藏，美非可掠。春光艳冶，不少三千，芳讯遥传，适符廿四[11]。予以爱花有癖，惜花成痴，秋兴独吟，春起常早，雨细欲湿，欹笠在肩，月明当空，携锄在手。招白云而侑酒[12]，任青山之笑人。芳草滋媚，奇葩逞妍。怡悦性情，消受福德。结兴所至，长言曷禁。非敢附江左之风流[13]，聊窃比汝南[14]之月旦[15]。

〔清〕杨晋

注释

〔1〕小园似庾，荒径殊陶：庾乃庾信，字子山，南阳新野（今属河南）人，南北朝时期著名的诗人。庾信晚年羁留北周，因思念故土而作《小园赋》。陶乃陶渊明，字元亮，又名潜，浔阳柴桑（今属江西）人。“荒径”二字取陶渊明《归去来兮辞》“三径就荒，松菊犹存”句。

〔2〕蓊荟（wěng huì）：形容草木繁密。

〔3〕宴集：即宴请集会的意思。

〔4〕幢：此处指旌旗、旗子。

〔5〕成趣：成为散步的场所。趣，同“趋”。

〔6〕金谷之园：金谷园是西晋石崇的别墅，遗址在今洛阳老城东北七里处的金谷洞内。石崇是古时有名的富人，因与贵族大地主王恺斗富，修筑了金谷别墅，即“金谷园”。

〔7〕河阳之植：西晋潘岳曾做河阳县令，在任期间他在河阳境内遍植林木，以致桃李成林，使得河阳当时有“花县”之称。

〔8〕释名：即《释名》，汉末刘熙作，是一本训解词义的书。

〔9〕南方：即《南方草木状》，晋代嵇含编撰，记载了生长于我国广东、广西等地，以及越南的植物，是我国现存最早的植物志。

〔10〕妃青俪白：指句式整齐、对仗工整的文字技巧。

〔11〕廿四：即二十四番花信风。

〔12〕侑酒：劝酒，为饮酒者助兴。

〔清〕杨晋

〔13〕江左之风流：江左，指江南地区。长江在芜湖、南京一段，自南而北，折向东流，江南地区在这段江流之东，故名江东。又因古人在地理上以东为左，以西为右，所以又称“江左”。风流，指遗风，即流风余韵的意思。

〔14〕汝南：古地名，一般指汝南县。

〔15〕月旦：东汉时，许劭兄弟评论乡里人物，每月一换议题，称“月旦评”。后来人们便用“月旦”“月旦评”特指对人物或作品的评论。此处则是指对诸种花卉的品评。

〔清〕杨晋

译文

园子里绿叶红花层层叠叠。小园与庾信《小园赋》中描述的相似，园中小路却有别于陶渊明《归去来兮辞》中的小路。这里一年四季有着美好的风光，蕴含着跨越千古的幽栖之心。一座庭院中散发着春日的云气，半亩小园中聚集着丛生的花草。一棵树、百棵树，千朵花、万朵花，呈现出的颜色十分艳丽，吐露出的香气特别浓郁。随着周围环境的变化，这边凋谢，那边盛开，露气在下而沉淀寒气，日光在上而传送暖气。叶子重重叠叠压盖住亭檐，倾斜的枝丫挡住了人们的帽子。古石参差不齐地坐落于左右两侧，花台高高低低地立在东西两边。屋子很小，窗户却十分明亮。虽然没有像丘壑那样层叠的气势，却也别具草木繁密的胜景，足够寄托人们吟咏的情怀，使人赏心悦目，招朋唤友，宴请集会。或者品茶畅谈，或者喝酒解闷抒怀，或者弹琴忘却心事，或者下棋锻炼心智。铃声响起震彻天际，旗帜飞扬闪现光彩。鸟儿在树枝上鸣叫，时而能听见滑稽之音。蝴蝶飞过围墙，惊扰了仙梦。这里之所以成为散步之地是因为每日都会经过，但由于极好读书却迂拙而未能察觉（小园中的美景）。独自端坐与美景相对，则足以心领神会，无须用语言来形容。转而念及芳香的花草，忽然就触发了悠远的思索。石崇的金谷园花木几乎满园，潘岳曾在的河阳县林木繁茂。诗人多有托物比兴的诗词，骚客多有抒发哀愁的著作。训解花木的《释名》只见于上古之时，描摹其形状则详细记载于《南方草木状》。下到才人咏歌作赋，妙手绘画成图，描摹书写已穷尽其形态，深入体察亦穷尽其情致，唯独关于广博的花木种类，没有一个一个地品评，这也正是前人之疏忽而不详尽、缺少而未完备的地方。（我）向来怀有这一志向，希望展开片言，只是造语难以精工，言辞尚且规范，不追求修饰辞藻，更不用说句式的对偶工整了。现在只是酌取部分内容的大意，所用典故略同于数典，用先贤品诗的语句，当作今日判花的言辞。朴拙可以藏起来，秀美却不可掠夺。春光娇艳，（花卉品类）不少于三千种，花开的消息从远处传来，正好符合二十四番花信风。我因为爱花成癖，惜花成痴，秋日兴起就会独自吟咏，春日常常很早起床，蒙蒙细雨打湿了衣服，倾斜的斗笠挂在肩头，明月当空照耀，锄头携握在手。招来白云而助酒兴，放任青山笑看世人。芳草滋生着媚态，奇花炫耀着美丽。这一切使人性情愉悦，享受着由此带来的福分。兴致来了，放声吟唱不知道何时能停。不敢附庸江南的流风遗韵，暂且私下比照汝南的月旦评吧。

嘉树

武进 徐寿基（桂珏）

零露瀼瀼〔1〕，春日载阳〔2〕。维常之华〔3〕，有飶其香〔4〕。洵美且都〔5〕，中心好之〔6〕。婆娑其下〔7〕，君子树之〔8〕。录嘉树第一。

注释

〔1〕零露瀼瀼（ráng）：语出《诗经·国风·郑风·野有蔓草》。云：“野有蔓草，零露瀼瀼。”瀼瀼，形容露水多的样子。

〔2〕春日载阳：语出《诗经·国风·豳风·七月》。云：“春日载阳，有鸣仓庚。”意思是春天的太阳暖洋洋。

〔3〕维常之华：语出《诗经·小雅·采薇》。云：“彼尔维何，维常之华。”常，棠棣也。华，花也。

〔4〕有飶（bì）其香：语出《诗经·颂·周颂·载芟》。云：“有飶其香，邦家之光。”飶，食物的香气。

〔5〕洵美且都：语出《诗经·国风·郑风·有女同车》。云：“彼美孟姜，洵美且都。”洵，实在。都，娴雅大方。

〔6〕中心好之：语出《诗经·国风·唐风·有杕之杜》和《诗经·小雅·彤弓》，意思是内心很高兴。

〔7〕婆娑其下：语出《诗经·国风·陈风·东门之枌》。云：“子仲之子，婆娑其下。”婆娑，指翩翩起舞的样子。

〔8〕君子树之：语出《诗经·小雅·巧言》。云：“荏染柔木，君子树之。”意思是君子亲手栽种它。

译文

露水很多，春日的阳光暖洋洋。棠棣的花，有很浓郁的香气。（花朵）实在美丽而且雅致，内心很是喜欢。（女子）在君子亲手栽种的树下翩翩起舞。录为嘉树第一。

牡丹

（神存富贵）

附荷包牡丹、缠枝牡丹

名状

一名富贵花，一名鹿韭，一名鼠姑，一名木芍药，一名百两金。谢康乐[1]言："永嘉有牡丹"[2]，始见于此。

〔清〕董诰

栽种

移植宜在秋冬，子亦可种。根防虫食，须和白蔹[3]末同种。冬畏寒，夏畏日，喜燥恶湿，得新土则茂。冬月宜浇以挦猪汤[4]，春秋不可断水浇。枝折处中空，须用黄蜡涂塞，以防蚁穴。其内或浇以百部水[5]。

制用

花白色者，瓣可拖面煎食。根皮俱入药，详本草不具载。

附录

荷包牡丹，草本。根生易活，叶似牡丹。春月开红花如荷包，璎珞下垂，甚可观。缠枝牡丹，柔枝倚附而生，花有牡丹态度[6]，甚小。缠缚小屏，花开烂然[7]，亦有雅趣。

注释

〔1〕谢康乐：即谢灵运（385—443），谢玄之孙，袭封康乐公，故人称谢康乐。

〔2〕永嘉有牡丹：《太平御览》载谢康乐语，“永嘉水际竹间多牡丹”。

〔3〕白蔹：葡萄科蛇葡萄属植物，本质藤本。

〔4〕挦猪汤：杀猪煺毛的水。

〔5〕百部水：百部是一种百部科多年生草本植物，也叫婆妇草、药虱药。百部水即是用百部煮的水。

〔6〕态度：姿态，姿容。

〔7〕烂然：光明的样子。

译文

【名状】又名富贵花、鹿韭、鼠姑、木芍药、百两金。谢康乐曾说：“永嘉水际竹间多牡丹”，（牡丹之名）第一次在此处得见。

【栽种】移植（牡丹）适宜在秋天和冬天进行，（牡丹）结的子也可以播种种植。根部要防止被虫啃食，必须和白蔹末一起种植。（牡丹）冬天怕冷，夏天怕晒，喜欢干燥，不喜欢潮湿，种植到新鲜土壤中就会生长茂盛。冬天适宜浇杀猪煺毛的水，春天和秋天也不可缺水。枝条弯折处中间会有空隙，须用黄蜡涂塞其中，以防虫蚁打洞筑穴。或者往枝条中空处浇灌百部水。

【制用】开白花的牡丹，花瓣可以和面煎着吃。（牡丹）根和皮都可以入药，详查《神农本草经》却没有完全记载。

【附录】荷包牡丹是草本植物。根系容易成活，叶片与牡丹的相似。春天开像荷包一样的红花，如璎珞一般下垂，十分值得观赏。缠枝牡丹，柔软的枝条攀缘生长，花朵犹如牡丹的姿态，很小。缠绕攀附在小屏风之上，花开灿烂，也很有雅趣。

玉兰

（体素储洁）

名状

从生，花九瓣，色白微碧，似兰，故名。又有黄色者。

栽种

秋后可接，寄枝用木笔体，忌水浸。花时宜浇以粪水。

制用

花瓣洗净，托面可煎，和白糖、脂油作馅尤美。

译文

【名状】丛生，花开九瓣，白色中略带青绿色，与兰花相似，因此得名。也有开黄色花的品种。

【栽种】秋天过后可以嫁接，以木笔为砧木，切忌用水浸泡。开花的时候适宜浇粪水。

【制用】花瓣洗干净后，可以和面煎食，和上白糖、油脂作馅尤其美味。

桂花

（明月前身）

名状

一名梫[1]，一名木樨[2]。黄者名金桂，能着子。白者名银桂，红者名丹桂。有秋花、春花、四季花、逐月花诸种。脂多半卷者为牡桂，叶似枇杷薄而卷者为菌桂，叶似柿皮赤厚、味辛烈者为肉桂。

〔清〕恽寿平

制用

点茶[3]最佳，食品中为用甚广。宜晒干藏用。

注释

〔1〕梫（qǐn）：木名。古代指桂中的一种，即肉桂。

〔2〕木樨（xī）：“木樨”同“木犀”，即桂花。

〔3〕点茶：唐、宋时的一种煮茶、泡茶的方法。

译文

【名状】又名梫、木樨。开黄花的叫金桂，能结子。开白花的叫银桂，开红花的叫丹桂。有秋天开花、春天开花、四季开花、逐月开花多种。油脂多而叶片半卷的是牡桂，叶片像枇杷叶一样薄而卷的是菌桂，叶片像柿子皮一样红色厚实且味道辛烈的是肉桂。

【制用】用来煮茶、泡茶味道最好，也广泛用于食品中。适宜晒干后储藏备用。

木笔

（如写阳春）

名状

一名辛夷，一名辛雉，一名望春月，一名侯桃，一名木房。叶似柿叶，花落始生。二月花开，有桃红及紫二色。萼初出时，尖锐似笔，故名。

栽种

春月分根旁小枝，插肥湿地即活。

译文

【名状】又名辛夷、辛雉、望春月、侯桃、木房。叶片像柿树的叶片，花落后才开始长叶。二月开花，有桃红色和紫色两种花色。花萼刚长出时，形状像笔一样尖锐，因此得名。

【栽种】春天切下根部生长的蘖苗，插在肥沃、湿润的土地里即可成活。

山茶

（饮之太和）

名状

一名曼陀罗树。叶似木樨，枝干交加，经冬不落。似叶类茶，又可作饮，故得茶名。有红白、玛瑙、粉红、千瓣、重台诸种。

栽种

喜阴恶湿，宜用山泥培壅。春间腊月皆可移栽。以单叶接千叶则花盛树久，若寄体冬青则十不活一。

译文

【名状】又名曼陀罗树。叶片与木樨的相似，枝条相互交叉，（叶片）历经寒冬而不凋落。与茶叶类似，可以泡水饮用，因此而得山茶之名。有红色、白色、玛瑙色、粉红色，以及重瓣等品种。

【栽种】喜阴，忌潮湿，适宜用山泥培壅。腊月立春后都可以移植栽种。以单瓣品种嫁接重瓣品种会使花朵繁盛且存活长久，若嫁接在冬青上则难以存活。

合欢

（薄言情晤）

名状

一名合昏，一名青棠，一名夜合，一名宜男。叶小而圆，叶叶相对，暮合而朝舒。树之庭阶，使人蠲[1]忿。

栽种

分根易活，子亦可种。

注释

〔1〕蠲（juān）：免除，除去。

译文

【名状】又名合昏、青棠、夜合、宜男。叶片小且圆，对生，晚上合拢早上舒展开。种在庭院中，（观之）使人去除心中忿念。

【栽种】分根栽种容易成活，所结种子也可以播种。

紫薇

（观花匪禁）

名状

一名百日红，一名怕痒花，一名刺猴脱。唐时中书省[1]多植此花，取其耐久，烂熳[2]可爱。紫色之外，又有红白二色。其紫带蓝焰者名翠薇。

〔宋〕卫昇

栽种

以二瓦或竹二片当叉处套其枝，实以土，候生根，分种。春月分根旁小枝种之，亦易活。

注释

〔1〕中书省：古代皇帝直属的中枢宫署之名。

〔2〕烂熳（màn）：同“烂漫”，形容颜色绚丽多彩，十分美丽。

译文

【名状】又名百日红、怕痒花、刺猴脱。唐朝中书省内多种植这种花，就是因为它开花时间长，色彩绚丽惹人喜爱。除紫色之外，还有红色、白色两种花色。其中开蓝紫色花的叫翠薇。

【栽种】用两块瓦片或竹片压住枝条分叉的地方，填上土壤，等待生根，然后分根栽种。春天切下根部生长的蘖苗进行栽种，也容易成活。

绣球

（浅深聚散）

〔清〕董诰

名状

一名粉团。带浅绿色，闽中[1]有红色者。春月开花，五瓣，百花成朵，团圞[2]如球。

栽种

忌水浸，寄枝用八仙花体。

注释

〔1〕闽中：古郡名。秦置。治所在冶县（今福建省福州市）。辖境相当于今福建省和浙江省宁海及其以南的灵江、瓯江、飞云江流域。秦末废。后以“闽中”指福建一带。

〔2〕圞（luán）：形容圆的意思。

译文

【名状】 又名粉团。（花朵）带有浅绿色，闽中有开红花的绣球。春天开花，花瓣五片，许多小花聚成一个大花序，围簇在一起像圆圆的球一样。

【栽种】 忌用水浸泡，宜以八仙花为砧木嫁接。

蜡梅

（妙造自然）

〔清〕余穉

名状

本名黄梅，东坡以花瓣似蜡，因名之蜡梅。花瓣团厚，虽盛开而常半含者，名磬口，品为上。次曰荷花。又次曰九英。

栽种

取结子沉水者种之，可生，然必变种，扦者不变。春月皆可分栽。

制用

皮浸水磨墨，发光彩。花能解暑生津，见本草。

译文

【名状】本叫黄梅，苏东坡认为它的花瓣质地像蜡，因此命名为蜡梅。花瓣圆形、厚实，花朵即使盛开也常是半露半含的品种，名叫磬口，是蜡梅中的上品。次一品的叫荷花（又名陆上荷花，实指夏蜡梅，形似荷花）。再次一品的叫九英。

【栽种】选取能沉水的种子栽种，可以成活，但此种植方法会使植物发生变异，扦插就不会。春天可以分株栽种。

【制用】树皮浸水后磨墨，会生发出明亮的颜色和光泽。花能够解暑生津，详见《本草纲目》。

紫荆

（若其天放）

名状

一名满条红，丛生，花开无常处，花罢叶出。

栽种

冬取荚种肥地即生。春月分根旁小枝易活。喜肥恶水。

制用

《群芳谱》[1]：“花未开时，采之滚汤中焯过，盐渍少时，点茶颇佳。”或云：“花入鱼羹中，食之杀人。”

注释

〔1〕《群芳谱》：明代王象晋著，又叫《二如亭群芳谱》。全书共三十卷，四十余万字，是我国古代介绍栽培植物的经典著作。

译文

【名状】 又名满条红，丛生，开花没有固定的规律，花谢后长叶。

【栽种】 冬天取出荚果中的种子种在肥沃的土地里即可存活。春天切下根部生长的蘖苗进行栽种，容易成活。喜肥，不耐湿。

【制用】 《群芳谱》载：“（紫荆）花还没开放的时候，采摘下来在滚水中焯一下后，用盐腌渍一会，用来煮茶、泡茶很好。”还有人说：“把（紫荆）花放到鱼汤中，人吃了会死。”

栀子花

（蓄素守中）

名状

一名越桃，一名鲜支，处处有之。一种木高七八尺。叶厚，春荣秋瘁，夏开白花，结实如诃子，可染缯[1]帛。或云："即西方之薝卜[2]花。"一种入药者，为山栀子，皮薄。一种花小而重台者，园圃中品。一种徽州栀，花叶俱小，可作盆景。

栽种

带花移栽易活，梅雨时可扦。或折枝插木板上，涂以泥，浮水中，亦能生根。三月选子淘净，可种。性喜肥，然不宜过厚。

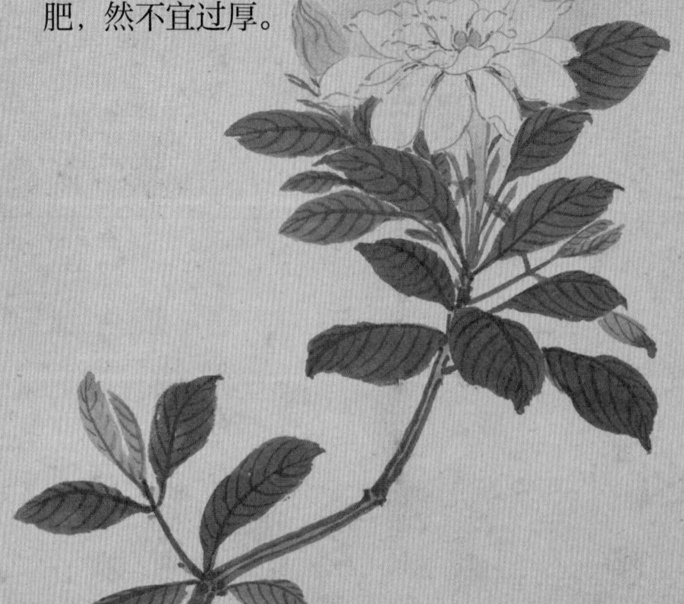

〔明〕沈周

制用

大朵重台者，梅酱糖蜜制之，可作羹用。

注释

〔1〕缯（zēng）：古代对丝织品的总称。

〔2〕薝卜：产于西域的一种植物，花很香。

译文

【名状】又名越桃、鲜支，到处都有这种花。其中有一种株高七八尺。叶片厚实，春天生长繁盛，秋天枯萎，夏天开白花，结的果实像诃子一样，可以用于染丝织品和布帛。有人说："（栀子花）就是西方的薝卜花。"可以入药的叫山栀子，果皮较薄。花朵小且复瓣的，是园圃里中等的品种。名叫徽州栀的，花朵和叶片都比较小，可以作为盆景观赏。

【栽种】带花移植栽种容易成活，梅雨时节可以扦插。或者折下枝条插在木板上，涂上泥土，浮于水中，也可以生根。三月选取合适的种子洗净后，可以栽种。性喜肥沃土壤，但不宜过于肥沃。

【制用】花朵大且复瓣的栀子花，用梅子酱、糖、蜜一同熬制后，可以作为羹食用。

木兰

（乘之愈往）

名状

一名木莲，一名黄心，一名林兰，一名杜兰。四月开花，亦有四季开者，有红、黄、白数色。树似楠，高五六丈，枝叶扶疏[1]。叶似菌桂，花似辛夷。

注释

〔1〕扶疏：形容枝叶茂盛，高低疏密有致。

译文

【名状】又名木莲、黄心、林兰、杜兰。四月开花，也有四季开花的品种，有红、黄、白数种花色。木兰树与楠树相似，高五六丈，枝叶茂盛而疏密有致。叶子像菌桂，花朵像辛夷。

杜鹃

（巫峡千寻）

名状

一名红踯躅[1]，于杜鹃啼时盛开，故名杜鹃。先花后叶，极为灿烂。出蜀中[2]者佳，又有黄白二色。

栽种

喜阴而恶肥，惟宜豆汁羊粪，用山黄泥种之，置树阴下易茂。

注释

〔1〕红踯躅（zhí zhú）：杜鹃花别名。踯躅，原形容徘徊不前。

〔2〕蜀中：现四川省中部地区。

译文

【名状】又名红踯躅，相传在杜鹃鸟啼叫时盛开，因此得名杜鹃。先开花后长叶，（花朵）十分绚丽。出自蜀中的为佳品，有黄、白两种花色。

【栽种】喜阴，不喜肥，仅适宜施以豆汁、羊粪，用山黄泥栽种，植于树荫下易生长茂盛。

虎刺

（语不欲犯）

名状

一名寿庭，能耐霜雪。叶深绿而润圆，小如豆，上有小刺。四月中开细白花，结子如丹砂火齐[1]，粒粒可爱。

栽种

性喜阴畏日。春初可分栽，宜用山泥，忌粪并人口中热气。浇宜退鸡鹅毛水及雪水，太湿则烂根。冬宜置透风处。培护年久，绿叶层层，洵为佳玩。

制用

盆供，催生极效，须缠红送还原处，否则枯死。

注释

〔1〕丹砂火齐：丹砂，又叫“朱砂”，古时称“丹”，粉末呈红色，是古时修仙求道者炼丹的主要原料。火齐，即火齐珠，是宝珠的一种。

译文

【名状】又名寿庭，能够抵御霜雪。叶片润泽，呈圆形、深绿色，像豆子一样小，上面有小刺。四月开小白花，结的果实像丹砂和火齐珠一样，一粒一粒的很是惹人喜爱。

【栽种】喜阴，不喜强烈光照。初春可以分栽，适宜用山泥种植，不喜粪便和人口中呼出的热气。适宜浇煺鸡毛、鹅毛的水，以及雪化的水，但太过潮湿的话容易烂根。冬天适宜放在透风的地方。培育养护的时间久了，绿叶层层叠叠，实在是极好的玩物。

【制用】（虎刺）可以制作成盆景当作清供，具有催产的效果。（用后）必须缠上红布条放回原处，否则会枯萎死掉。

枫树

（乱山乔木）

名状

一名香枫，一名灵枫，一名摄摄，有赤白二种。

栽种

园林点缀[1]，宜置疏旷处。

制用

八九月晒干后，可烧其脂为白胶香，与松脂乳香同用。

校勘

① “缀”，底本原作“缎”，结合文意，应为“缀”。

译文

【名状】又名香枫、灵枫、摄摄，花有红、白两种颜色。

【栽种】适宜作园林中的点缀物，种在空阔的地方。

【制用】八九月晒干之后，可燃烧其树脂做白胶香。白胶香和松脂、乳香有相同的功效。

楝花

（衔之以终）

名状

叶类枫而尖，三月开花，红紫色，为花信风[1]之殿[2]。实如小铃，名金铃子。

栽种

春月分种，易生。

注释

〔1〕花信风：花开时吹过的风叫“花信风”，意思就是带着开花音讯的风候。我们常说的“二十四番花信风”，又称“二十四风”。因我国古代以五日为一候，三候为一个节气，从小寒到谷雨共八个节气计二十四候，每候皆以一种花为代表，所以有“二十四番花信风”的说法。人们在每一候中开花的花卉里，挑选一种花期最准确的作为代表，叫作这一候中的“花信风”。

〔2〕殿：此处指排在最后。

译文

【名状】叶片类似枫叶而尖长，三月间开花，颜色为红紫色，是“二十四番花信风”中的最后一个。果实形状像小铃铛一样，所以名叫金铃子。

【栽种】春天分株种植，容易成活。

扶桑①

（海山苍苍）

名状

产滇南，枝叶婆娑[1]。叶类桑。花有红、黄、白三色，与木槿相似，故有赤槿、朱槿之名。

〔清〕恽寿平

校勘

① “扶桑”，原文目录中为“扶桑”，正文中为“扶桑木”，而经查并无“扶桑木”这一植物，故此处应为“扶桑”。

注释

〔1〕婆娑：原指舞动的样子，此处指枝叶扶疏之貌，即枝叶茂盛，高低、疏密有致。

译文

【名状】产于云南南部，枝叶茂盛且高低、疏密有致。叶片类似桑叶。花有红、黄、白三种颜色，形态和木槿花相似，因此有赤槿、朱槿的别名。

冬青（犹春于绿）

附水冬青

名状

一名冻青，一名万年枝，女贞别种也[1]。五月开细白花，结子如豆，红色。

栽种

腊月下种，次春发芽，又次年三月移栽。

制用

可放蜡虫，一如女贞子。

附录

水冬青叶细，养蜡子尤利。

注释

〔1〕女贞别种也：古人认为冬青是女贞的别种，但冬青与女贞实属不同科属。

译文

【名状】又名冻青、万年枝，女贞的别种。五月开小白花，结的果实像豆子一样，红色。

【栽种】腊月栽种，第二年春天发芽，再一年后的三月移栽。

【制用】可以在其上放养白蜡虫，就像女贞树一样。

【附录】水冬青叶片纤细，十分适合用来饲养白蜡虫。

柔条

武进 徐寿基（桂珏）

〔清〕董诰

荏染柔木〔1〕，猗傩其枝〔2〕。鄂不韡韡〔3〕，偏其反而〔4〕。何彼秾矣〔5〕，裳裳者华〔6〕。夭之沃沃〔7〕，亦孔之嘉〔8〕。录柔条第二。

注释

〔1〕荏（rěn）染柔木：语出《诗经·小雅·巧言》。云："荏染柔木，君子树之。"荏染，柔软的样子。柔木，质地柔韧的树木。

〔2〕猗（ē）傩（nuó）其枝：语出《诗经·桧风·隰（xí）有苌（cháng）楚》。云："隰有苌楚，猗傩其枝。"猗傩，同"婀娜"，形容轻盈柔美的样子。

〔3〕鄂不韡韡（wěi）：语出《诗经·小雅·常棣》。云："常棣之华，鄂不韡韡。"鄂不，同"萼拊"，即萼足，意指花托。韡韡，美艳茂盛之意。

〔4〕偏其反而：语出《论语·子罕》。云："唐棣之华，偏其反而"，即花朵翩翩摇摆之貌。

〔5〕何彼秾矣：语出《诗经·国风·召南》。云："何彼秾矣，唐棣之华？"秾，指花木繁盛美艳的样子。

〔6〕裳裳者华：语出《诗经·小雅·裳裳者华》。裳裳，形容鲜艳的样子。华，即花。

〔7〕夭之沃沃：语出《诗经·桧风·隰有苌楚》。夭，本意少，此指幼嫩。沃沃，指外表光泽。

〔8〕亦孔之嘉：语出《诗经·豳风·破斧》。云："哀我人斯，亦孔之嘉。"嘉，善也，即美好的意思。

译文

柔美的树木，枝叶婀娜。花托美艳茂盛，随风摇曳。花朵繁盛、娇嫩，色泽鲜丽。花木的形貌如此美好。录为柔条第二。

迎春

（如瞻岁新）

名状

一名金腰带。丛生，茎方叶厚，枝皆对节生，一枝三叶。春前开小黄花，点缀春色，所不可少。

栽种

花时移栽，二月可分。喜肥，焊牲水[1]灌之则茂。

制用

取叶阴干研末，酒服取汗，能愈肿毒恶疮。

注释

〔1〕焊（xún）牲水：宰杀牲畜时的煺毛水。

译文

【名状】又名金腰带。丛生，茎方形，叶片厚实、对生、三出复叶。春天到来前开黄色的小花，是点缀春色必不可少的植物。

【栽种】宜在花期移植栽种，二月可以分株繁殖。喜欢肥沃的土壤，用宰杀牲畜时的煺毛水浇灌会生长茂盛。

【制用】摘取（迎春）叶片置于阴凉处干燥后研成粉末，与酒一起服用，能够治愈肿毒恶疮。

月季

（不辨何时）

名状

一名长春花，一名月月红，一名胜春，一名瘦客。其花色种种不同，随意取名不下百十种。

栽种

春月扦之易活，子亦可种。惟久经日晒，则渐变为红。

译文

【名状】又名长春花、月月红、胜春、瘦客。花色多样，随意所取的别名不下百十种。

【栽种】春季扦插容易成活，亦可播种繁殖。花朵久经日晒后会愈发鲜红。

〔清〕董诰

木香

（悠悠花香）

名状

灌生如蔷薇，四月花开，有红、白、黄三色。惟紫心白花细朵者为最香。

栽种

四月中扳条压土中，久自生根。来岁移种，宜用木棚架起。千条下垂，以受风露。

制用

蒸取为露，可治心疾[1]。或取花浸水，洒于衣上，经岁犹香。

注释

〔1〕心疾：因劳思、忧愤等引起的疾病。亦指心脏病。

译文

【名状】像蔷薇一样的灌木，四月开花，有红、白、黄三种颜色。紫色花芯、白色花瓣的小花香味最浓。

【栽种】四月取枝条埋入土中，时间久了就会生根。第二年移栽，最好搭设木棚架供其攀缘生长。大量枝条垂下来，享受春风雨露的滋润。

【制用】蒸取为露，有助于治疗心疾。或者将木香花浸于水中后，将水洒在衣服上，可以长期保持香味。

蔷薇

（清露未晞）

名状

一名买笑，一名刺红，一名玉鸡苗，一名川枣，一名牛棘。有红、白、黄、粉红诸色，白者尤香。

栽种

冬月、春季皆可扦压，须见天不见日处。一云芒种日插之皆活。

译文

【名状】又名买笑、刺红、玉鸡苗、川枣、牛棘。（花朵）有红、白、黄、粉红等颜色，其中白色的最香。

【栽种】冬天、春天都可以扦插或压条繁殖，但须在露天荫蔽处进行。还有一种说法是芒种时插种蔷薇都能成活。

瑞香（犹之惠风）

附丁香、鸡舌香、结香

名状

一名露甲，一名蓬莱紫，一名风流树。高者三四尺，枝干婆娑，四季长青。冬春之交开花如丁香，有黄、紫、白、粉红诸色。

栽种

冬畏寒，夏畏日。梅雨时可扦。芒种时剪嫩枝破其根，纳大麦一粒，乱发缠紧扦之可活。须用右手，勿经左手。一云带花插于背日处易活。忌人粪，喜鸡鹅毛水。

制用

白瑞香能治急喉风，捣水灌之，良效。

附录

丁香夏月开花，有紫、白二种，结实如蕙蕊。鸡舌香产自昆仑，枝叶及皮并似罂粟。花似梅，子似枣核，此雌者也。其雄者，花而不实，可酿为香。汉时以赐侍中〔1〕。结香干叶皆如瑞香，而枝甚柔韧，绾之可为结。冬末春初与瑞香同时开花，色如鹅黄。花后始叶，盖瑞香别种。

注释

〔1〕侍中：古代官职名。

译文

【名状】又名露甲、蓬莱紫、风流树。植株高的有三四尺，枝干扶疏，四季长青。冬、春交替之时开放像丁香一样的花，有黄、紫、白、粉红多种颜色。

【栽种】冬天害怕寒冷，夏天害怕日晒。梅雨时节可以扦插繁殖。芒种时剪下嫩枝切开根部，放一粒大麦进去，用头发将其缠紧后扦插可以成活。操作时须用右手，切勿用左手。还有一种说法是将带花朵的枝条插种在背阳的地方容易成活。忌用人粪浇灌，宜用鸡、鹅的煺毛水浇灌。

【制用】白瑞香能够治疗急性咽喉疾病，捣碎后用水灌服，效果良好。

【附录】丁香夏天开花，有紫、白两种花色，结的果实像蕙兰的花蕊一样。鸡舌香产自昆仑，枝叶与树皮都像罂粟。花朵像梅花，结的果实像枣核的为雌性。雄性的鸡舌香只开花不结果，可以制成香料。汉朝时常将它赏赐给侍中。结香的叶片与枝干都和瑞香相似，而且枝条柔韧，绾起来可以打成结。冬末春初与瑞香同时开花，花色鹅黄。开花之后开始长叶，常被视为瑞香的别种。

凌霄花

（行神如空）

名状

一名紫葳，一名陵苕，一名女葳，一名武威，一名瞿陵，一名鬼目，即诗所咏苕华也。附物而升高可数丈，须如蝎虎足，着物甚牢。叶尖长有齿，春夏间开赭[1]黄花，至秋益赤。结荚如豆角，长二寸许。

栽种

春月分根旁小枝种之，易活。

制用

花研末酒服二钱后，服四物汤[2]，治妇人血崩与男子粪后下血，又治久年风痫。用花叶为末，温酒服三钱，服毕解发，不住手梳。口噙冷水，温则吐去。再噙再梳，至二十口乃止。如此四十九日绝根，百无所忌。

禁忌

花露损目，香气能伤脑。孕妇过其下便堕胎。忌葱，犯之者不治。

〔清〕张伟

注释

〔1〕赭（zhě）：指红褐色。

〔2〕四物汤：我国中医补血、养血的经典药方，由当归、川芎、酒芍、熟地四味药组成。四物汤最早见于唐代蔺道人所著《仙授理伤续断秘方》，具有补血调经之功效，可缓解女性的痛经。

译文

【名状】又名紫葳、陵苕、女葳、武威、瞿陵、鬼目，就是《诗经》中所吟咏的苕华。附着他物可以攀爬几丈高，根须像壁虎的脚一样，牢固地附着在物体上。叶片尖长而且有锯齿，春夏开赭黄色的花朵，到秋天会变得更红。所结的果荚像豆角一样，长约两寸。

【栽种】春天切下根部生长的蘖苗栽种，容易成活。

【制用】花瓣研磨成粉末用酒服用二钱之后，再服用四物汤，可以治疗女性血崩和男性大便后出血，还可以治疗多年的风痫。将花和叶碾磨成粉末，和温酒服用三钱，服完后解开头发，用手不停地梳。嘴里含上冷水，变热就吐出来。反复梳头、含水，到二十口方可停止。就这样坚持四十九天便可以治愈病根，什么都不用忌讳了。

【禁忌】花露会损伤眼睛，花香会损伤脑部。孕妇经过其下就会有堕胎的风险。忌与葱同食，犯此禁忌则无法治疗。

金丝桃

（窈窕深谷）

名状

一名桃金春。花作金黄色，有翅有须，亦名金蝶花。八九月结实，可食。

栽种

春分可栽。于根下劈开处分种之，易活。

译文

【名状】又名桃金春。花朵金黄色，看似有翅有须，因此又叫作金蝶花。八九月结果实，可以食用。

【栽种】春分时可以栽种。在根下裂开的地方予以分株后栽种，容易成活。

夹竹桃

（阅音修篁）

名状

叶似竹，花似桃，故名。自春及秋，花常不绝。单瓣者花萎后自落，故较重台者为胜。

栽种

喜肥恶湿，畏寒，忌霜雪。冬月宜藏室内，忌水浇。四月中可压，或以大竹筒分两片合嫩枝，实以肥泥，朝夕灌之，不久即生根。

［清］任熊

译文

【名状】叶片像竹叶，花朵像桃花，因此得名。从春天到秋天，常常花开不断。单瓣的花枯萎后自然凋落，因此与复瓣的花相比更胜一筹。

【栽种】喜肥、忌潮湿，畏冷，忌霜雪。冬天最好置于室内，忌水渍。四月可以压条繁殖，或者将大竹筒分成两片后包住嫩枝，中间用肥沃的泥土填充，早晚浇灌，不久即可生根。

真珠兰

（奇花初胎）

名状

一名鱼子兰。蓓蕾如珠，香气清绝。

栽种

四月内于节边断二寸长，插阴湿地即生。喜肥，忌粪，与抹丽[1]同一藏法。

注释

〔1〕抹丽：即茉莉，详见第 60 页。

译文

【名状】又名鱼子兰。花的蓓蕾像珍珠一样，香气清雅至极。

【栽种】四月在枝节旁截取两寸长的一段枝条，插在阴湿的土地里即可成活生长。喜肥，但忌施粪便，和茉莉的储藏方法相同。

抹丽

（美白栽归）

名状

一名雪瓣，一名茉莉，一名抹厉。东坡[1]名之曰暗麝，释名鬘华[2]，原出波斯。夏秋开白花，花皆暮开，香烈殊甚。有宝珠、小荷花诸名目。

栽种

喜肥，以米泔水[3]浇之则花不绝。或皮屑不经硝者，或黄豆汁，或粪水，皆可。六月六日以鱼水灌之茂。畏寒喜暖，虽烈日不惧。五六月间，每日一浇，宜于午后。至冬即当加土壅根，霜降后须藏暖处，清明后方可出。尤怕春之东南风，故藏则宜以渐而密，出则宜以渐而敞。冬月宜极干，日暖时略浇冷茶，直待发芽方可浇肥。梅雨时不宜湿，湿则枝易油，亟宜剪去，迟则油气遍达，虽花蕊依然，而必无生理。叶如稍萎，掐[4]视皮里，不见青色者是也。如一树尽油，则宜尽剪，俟其根上重发。或根下生蚁，则用羊角引去，或以乌头冷汤[5]灌之。树本年老则不能作花，不如新者花多而易活。梅雨时从节间摘断劈开，纳大麦一粒以乱发缠定，插阴地即活。

制用

点茶最佳，蒸取其油，可代蔷薇露。

注释

〔1〕东坡：苏轼，号东坡居士。

〔2〕鬘（mán）华：茉莉别称，佛书谓之鬘华。

〔3〕米泔水：即淘米所用的水。

〔4〕搯（tāo）：抽取、挖取。

〔5〕乌头冷汤：乌头汤之方见《金匮要略》，主要成分包括麻黄、芍药、黄耆、甘草、川乌，用水和蜜煎取。乌头冷汤，顾名思义，即是冷却的乌头汤。

译文

【名状】又名雪瓣、茉莉、抹厉。苏东坡称茉莉为暗麝，佛书谓之鬘华，最初产于波斯。夏天与秋天开白色的花，且都在傍晚开放，香味十分浓郁。有宝珠、小荷花等品种。

【栽种】喜肥，用淘米水浇灌会花开不绝。也可用没加芒硝的浸泡皮屑的水，抑或黄豆汁，或粪水浇灌。六月六日浇灌鱼腥水会生长茂盛。害怕寒冷，喜欢温暖的气候，即使烈日也不惧怕。五、六月每天浇一次水，适宜在午后进行。冬天应当增加土壤培壅根部，霜降之后必须置于室内温暖的地方，清明后才可以移出去。尤其害怕春天的东南风，因此室内适宜置于密闭遮风处，室外则适宜置于宽敞通风之地。冬天适宜极干燥的环境，天气暖和时，略微浇一些冷茶，直到发芽后才可以施肥。梅雨时节不能太潮湿，否则枝条容易滋生蚜虫，必须立即剪除受损的枝条，迟了蚜虫会散布全株，即使花蕊依然完好，也必定活不下来了。叶片如果稍微枯萎，就要检查一下枝条内部的情况，若看不见绿色，就说明已经无法存活了。如果一整株都生了蚜虫，应该全部剪掉，等待其重新生长。倘若根部生了虫蚁，可用羊角驱除，或者用乌头冷汤浇灌。老株就不易开花了，不如新株花多且容易成活。梅雨时节，从枝条节间处折断后劈开放入一粒大麦，用头发缠紧，插在阴处的土壤里就可以成活了。

【制用】用以煮茶、泡茶最好。蒸后取得的茉莉花油，可以代替蔷薇露使用。

十姊妹

（相期与来）

名状

叶茎皆如蔷薇，花开浓淡相间，烂然[1]可观。有一蓓七花者，名七姊妹。

栽种

正月移栽，八九月皆可扦插。

注释

〔1〕烂然：显明灿烂的样子。

译文

【名状】叶片和茎干都与蔷薇相似，所开之花色彩深浅相间，灿烂可观。一个花骨朵儿中开出七朵花的，名叫七姊妹。

【栽种】正月移植栽种，八、九月都可以扦插繁殖。

佛见笑

（妙契同尘）

名状

从生蔷薇之别种，茎叶与十姊妹相仿，花亦相类。

栽种

春月分根，扦压亦易活。

注释

【名状】 从生蔷薇的别种，茎干和叶片与十姊妹相似，花朵也与其相似。

【栽种】 春天分根栽种，扦插、压条繁殖也容易成活。

朱藤

（生气远出）

名状

有紫白二种，花时如璎珞下垂，清芬尤胜。

栽种

春月皆可扦压，宜栽阴湿地，以木棚架之。浙江有一本延覆数里者，因名为朱藤街。

译文

【名状】有紫色和白色两种花色，花开时像璎珞一样垂下，清香怡人。

【栽种】春季可以扦插、压条繁殖，适宜栽种在阴湿处，用木棚架做支撑。浙江有一棵朱藤绵延覆盖几里地，因此该地得名为朱藤街。

酴醾

（金樽酒满）

名状

本名荼蘼，一名独步春，一名百宜枝，一名琼绶带，一名雪璎珞，一名沉香蜜友。二三月开花，色黄似酒，故字从酉，为酴醾。有青跗红萼及开时变白者，其千瓣大朵，作高架扶之，烂熳可观，香气尤清。

栽种

春月分扦。

译文

【名状】本名荼蘼，又名独步春、百宜枝、琼绶带、雪璎珞、沉香蜜友。二三月开花，花色发黄像酒一样，因此名字中加“酉”成“酴醾”。子房青色、花萼红色开时变白的品种，重瓣花大，用高高的棚架支撑，看起来绚丽多彩，十分值得观赏，且香气尤为清醇。

【栽种】春季分株扦插繁殖。

夜来香

（落日气清）

名状

藤条，花似茉莉而碧色。傍晚开花，香气清绝。

栽种

性畏寒，忌霜雪。冬日宜干，须置暖室，与茉莉相似。

译文

【名状】藤状枝条，花朵像茉莉而呈青绿色。傍晚开花，香气清新超绝。

【栽种】畏寒，忌霜雪。和茉莉相似，冬天适宜干燥的环境且必须置于温室之中。

素馨

（清风与归）

名状

一名那悉茗花，一名野悉蜜花。《群芳谱》云：“来自西域。”或云：“昔刘王有侍女名素馨，冢上生此，因名。”[1]枝干似茉莉而小，花四瓣，有黄、白二色，须屏架扶之。

注释

［1］这种说法出自《龟山志》。刘王即是五代十国之时的南汉主。

译文

【名状】又名那悉茗花、野悉蜜花。《群芳谱》中记载：“（素馨）来自西域。”也有书中记载：“昔时南汉主刘王有个侍女叫素馨，她的坟上长了这种植物，因此（这种植物）得名素馨。”素馨的枝干与茉莉相似，但株型比茉莉小，花开四瓣，有黄、白两种颜色，须用棚架支撑。

雪瓣

（超心炼冶）

名状

一名狗牙。似茉莉而瓣大，其香清绝。出南海。

译文

【名状】又名狗牙。花朵像茉莉但比其花瓣大，香味清醇超绝。分布于我国南部沿海诸省。

枸杞

（饮真茹强）

名状

一名枸棘，一名枸檵，一名天精，一名地化，一名却老。丛生，叶细厚而软。六七月开淡红花，结实如樱桃而微长，熟后色红如火。以产甘州者为佳，肉厚而核小。根为地骨根[1]，根皮为地骨皮[2]。年久则根化为犬，食之者仙。

栽种

冬月、春季皆可分栽。断四五寸长，埋土中即活。喜肥，以牛粪壅之茂。

制用

叶可作菜，子、皮、根皆入药。

注释

〔1〕地骨根：即枸杞的根。一种中药。

〔2〕地骨皮：即枸杞的根皮。一种中药。

译文

【名状】又名枸棘、枸檵、天精、地化、却老。丛生，叶片细长、柔软、厚实。六七月开淡红色花朵，结的果实像樱桃，但比樱桃稍长，成熟后颜色火红。（枸杞）以产于甘肃张掖甘州的最佳，果实肉质厚实而核小。根为地骨根，根皮即为地骨皮。相传，时间久了，根会幻化成狗，吃了它的人可以成仙。

【栽种】冬天、春天都可以分株栽种，折取四五寸长的枝条，埋入土壤中即可成活。喜肥，施用牛粪会生长茂盛。

【制用】叶片可以当蔬菜食用，子、皮、根都能入药。

玉蕊花

（识之愈真）

名状

《群芳谱》云:“蔓如荼蘼，冬凋春荣，柘叶紫茎。”三月开花八出[1]，须如冰丝，上缀金粟。花心有碧筒，状类胆瓶[2]。别抽一英，出众须上，散为十余蕊，犹刻玉然。唐人重之。宋子京[3]、刘原父[4]误以为琼花。

注释

〔1〕八出：花分瓣叫出，八出即八瓣。

〔2〕胆瓶：一种瓷器，因器形如悬胆而得名。

〔3〕宋子京：宋祁，字子京，北宋史学家、文学家。

〔4〕刘原父：刘敞，字原父，北宋史学家、经学家、散文家。

译文

【名状】《群芳谱》中记载：“（玉蕊花）枝蔓如荼蘼一样，冬天凋谢春天生长繁盛，叶片像柘树叶，茎干为紫色。”三月开花，花朵八瓣，花蕊像冰丝一般，上面缀着黄色的花药。花芯中间有绿色的子房，形状像胆瓶一样。在众多花蕊上会另外抽生出一根花枝，绽放后成为十多个小花朵，像玉雕刻的一般。唐朝人很看重玉蕊花。宋代的宋子京、刘原父误认为它是琼花。

玫瑰

（期之愈分）

名状

一名徘徊。灌生，似蔷薇而多刺。燕中有黄色者，嵩山深处有碧色者。

栽种

二月初分栽，九月内移种。新条既起则老本易萎，须分植之。老本仍能作花，故亦名离娘草。忌人溺，犯之必死。

制用

可入茶、入酒、入蜜。晒干藏之，香可经年不减。

译文

【名状】又名徘徊。灌木，像蔷薇但是刺多。北方有黄色的品种，嵩山深处有青绿色的品种。

【栽种】二月初分株栽种，九月移栽。新的枝条长出来后老的枝条就容易枯萎，必须将两者分开种植。老的枝条上仍然能开花，因此也叫离娘草。不宜浇灌人的尿液，否则植株就会枯死。

【制用】可以入茶、入酒、入蜜。晒干后收藏起来，香味过很久都不会变淡。

刺蘼

（真与不夺）

名状

花似玫瑰，艳丽可爱，而惜无香。

栽种

春时分根旁小株，易活。

译文

【名状】花朵像玫瑰，娇艳美丽惹人爱，只可惜没有花香。

【栽种】春天切下根部生长的蘖苗栽种，容易成活。

指甲花

（著手成春）

名状

一名七里香。树叶婆娑，略似紫薇。花开蜜色，清香袭人，置发中久而益香。捣叶可染指甲，同于凤仙花。

译文

【名状】又名七里香。枝叶扶疏，有点像紫薇。开放的花朵颜色如蜂蜜一般，清香袭人，插在头发中越久味道越香。与凤仙花一样，花、叶捣碎后可以染指甲。

金雀

（脱有形似）

名状

丛生，春初开花，形似飞雀。尖者为首，旁两瓣如翼，花色正黄，故名。

〔清〕董诰

栽种

花放时取根上有须者，栽阴湿处即活。春月可扦。

制用

盐水焙干，可作茶供[1]。

注释

〔1〕茶供：茶供有三种含义。①定期祭祀的供品；②贡茶；③满足饮茶者的需要，犹饮茶。此处当取第三种意思。

译文

【名状】丛生，初春开花，形状像飞雀。花朵尖端是头，旁边的两片花瓣像翅膀，颜色正黄，因此得名。

【栽种】开花后选取带须根的萌条，栽种在阴湿的地方就可以成活。春天可以扦插。

【制用】用盐水浸后烤干，可以作茶饮用。

（但知旦暮）

名状

一名蕣，一名木槿，一名椵，一名玉蒸，一名朱槿，一名赤槿，一名日及，一名朝开暮落花。自仲夏至冬，开花不绝，有深红、粉红、白色诸种。

栽种

十一月至二三月皆可扦。如编插为篱，须手盈握，接连插之，则枝叶交错。

制用

叶可代茶。

禁忌

小儿忌弄，令病疟，俗名疟子花。

译文

【名状】又名蕣、木槿、椵、玉蒸、朱槿、赤槿、日及、朝开暮落花。从仲夏到冬天，花开不断，有深红色、粉红色、白色几种花色。

【栽种】从十一月到来年二三月都可以扦插。如果要编插成篱笆，须用手握住枝条不停地编插，这样就会枝叶交错。

【制用】叶片可以代替茶叶。

【禁忌】小孩子不要把玩，否则会发疟子，所以俗名叫疟子花。

木芙蓉（花时返秋）

名状

一名木莲，一名拒霜，一名桃[1]木，一名地芙蓉。有大红、大白、粉红诸色，惟黄色为难得。又有四面花、转观，红白相间。

栽种

于十月花谢后，截尺余短枝，埋地筑坚，勿令冻损。俟二月取栽湿地，自能生根。四月内分种易活，又可扦。

制用

皮织为布，名芙蓉葛。夏月着汗，不生秽气。

注释

〔1〕桦（huà）：木芙蓉的别称。

译文

【名状】又名木莲、拒霜、桦木、地芙蓉。有红、白、粉红多种花色，唯有黄色的最为珍贵。还有其他品种叫四面花、转观花，为红白相间的花色。

【栽种】十月花谢后，截取长一尺左右的短枝，埋入地里并夯实土壤，不要使它受冻损伤。等到来年二月取出来栽种到湿润的土壤中，就能生根了。四月分株容易成活，也可以扦插。

【制用】茎皮可以织成布，名叫芙蓉葛。这种布夏天可以吸汗，且不会生出难闻的气味。

金银花

（强得易贫）

名状

一名忍冬，一名通灵草，一名鸳鸯草，一名鹭丝藤，一名左缠藤，一名金钗股。叶对节生，三四月开花，有黄、白二色，气甚清芬。

制用

花、叶、藤皆入药，去熟败毒，治风湿，消痈疽[1]及一切恶疮。

注释

〔1〕痈疽（yōng jū）：发生于体表、四肢及内脏的急性化脓性疾病。一种毒疮。

译文

【名状】又名忍冬、通灵草、鸳鸯草、鹭丝藤、左缠藤、金钗股。叶片对节而生，三四月开花，有黄、白两种花色，气味清香。

【制用】花朵、叶片、藤条都可以入药，去热败毒，有助于治疗风湿，消退痈疽及所有的恶疮。

天竹

（空碧悠悠）

名状

一名大椿，丛生。冬月结子，红若珊瑚，又有黄色者。

栽种

宜用山黄泥，喜阴。浇以冷茶或糟水与煺鸡鸭水，壅以街泥则茂。春月分根，子亦可种。

制用

能辟火患，故植之天井[1]中为宜。

注释

〔1〕天井：古时把宅院中房与房之间，或房与围墙之间所围成的露天空地，叫作“天井”。

译文

【名状】又名大椿，丛生。冬天结果，红红的像珊瑚一样，也有的结黄色的果子。

【栽种】适宜用山黄泥栽植，喜阴。用冷茶或者糟水和煺鸡鸭毛的水浇灌，并用路边的泥土培壅就会生长茂盛。春天分根栽种，结的子也可以栽种。

【制用】能够防火，因此种植于天井中最好。

薜荔

（日往烟萝）

栽种

植之高墙危石间，蟠屈如龙，饶有古致，惟防蜥蜴藏伏其内。

注释

【栽种】种在高墙危石之间，可像龙一样盘曲，十分古韵雅致，只是要提防蜥蜴藏在其中。

佳卉

武进 徐寿基（桂珏）

〔清〕蒋廷锡

乐彼之园[1]，有菀其特[2]。灼灼其华[3]，或黄或白。零露泥泥[4]，其香始升[5]。可与晤歌[6]，以矢其音[7]。录佳卉第三。

注释

〔1〕乐彼之园：语出《诗经·小雅·鹤鸣》。云："乐彼之园，爰有树檀。"乐彼之园，意思就是那个令人喜悦的园子。

〔2〕有菀其特：语出《诗经·小雅·正月》。云："瞻彼阪田，有菀其特。"有菀其特，意思就是有棵茁壮的小苗。

〔3〕灼灼其华：语出《诗经·国风·周南·桃夭》。云："桃之夭夭，灼灼其华。"灼灼其华，意思就是盛开着鲜艳的花朵。

〔4〕零露泥泥：语出《诗经·小雅·蓼萧》。云："蓼彼萧斯，零露泥泥。"零露泥泥，意思就是露珠颗颗清莹。

〔5〕其香始升：语出《诗经·大雅·生民》。其香始升，意思就是香味开始升腾。

〔6〕可与晤歌：语出《诗经·陈风·东门之池》。云："彼美淑姬，可与晤歌。"可与晤歌，意思就是可以相互唱和谈心。

〔7〕以矢其音：语出《诗经·大雅·卷阿》。云："岂弟君子，来游来歌，以矢其音。"以矢其音，意思就是陈述进献自己的心声。

译文

那个令人喜悦的园子里，有棵茁壮的小苗。上面盛开着鲜艳的花朵，有的是黄色，有的是白色。花叶上的露珠颗颗清莹剔透，香味四溢。可以与之相互唱和谈心，以陈述自己的心声。录为佳卉第三。

蓍草

（妙机其微）

名状

生曲阜孔林及上蔡白龟祠旁。丛生，高五六尺，多者五十茎，直干。秋后花生枝端，如菊花，色红紫。结实如艾实，味苦、酸，平无毒，益气充肌，聪耳明目。久服，不饥，不死，轻身，前知[1]。

注释

〔1〕前知：见《神农本草经百种录》，所谓“蓍草神物，揲之能前知”。“前知”即是预测未来之意。

译文

【名状】生长在曲阜市孔林和（驻马店市）上蔡县的白龟祠旁。丛生，高五六尺，生长繁茂的有五十条茎干，茎干直立。秋后枝端开花，形如菊花，颜色红紫。结的果实像艾草的果实一样，味道苦、酸，性平无毒，补气又能使皮肤肌肉充胀，让人耳聪目明。据传，长期服用，可以不饥饿，不死亡，身体轻健，能预测未来的福祸。

灵芝

（独鹤与飞）

名状

一名三秀，一名菌蠢。《神农经》云:“赤者如珊瑚，白者如截肪[1]，黑者如泽漆[2]，青者如翠羽[3]，黄者如紫金。”《抱朴子》所载有龙仙芝（状似升龙，叶为鳞，根如蟠龙）、五德芝（状如楼殿，茎方，叶五色，上如偃盖[4]，中有甘露）、参成芝（赤色有光，折而续之，即复如故）、独摇芝（无风自动，赤如丹华，似苋，根有大魁如斗，细者如鸡子[5]十二）、白符芝（高四尺，似梅。常以大雪而花，季冬而实）、牛角芝（状如牛角特生，长三四尺，色青）、樊桃芝（如升龙，叶如丹罗，实如翠鸟）、玉脂芝（生有玉之山，玉膏凝结成鸟兽之形）。又有青云芝（青盖三重，上有云气）、白云芝、云母芝（生白石上，白云覆之）、金兰芝（生山阴金石间，上有水盖，饮其水寿千岁）、九曲芝（朱草九曲，每曲三叶）、火芝（叶赤，茎青）、月精芝（秋生阳石上，茎青上赤）、夜光芝（生华阳洞，五色浮其上）、萤火芝（生长良山，叶似草，实如豆）、九光芝（状如盘槎[6]，生于临水之高山）、凤脑芝（苗如匏，结实如桃），以及仙经所载各种芝草，须以三月、九月，

牵白犬，抱白鸡，以白盐一斗，及开山符檄[7]，着大石上。执吴唐草[8]一把以入山，山神喜，必得之也（亦见《抱朴子》）。

注释

〔1〕截肪：切开的脂肪，形容颜色和质地白润。

〔2〕泽漆：润泽的油漆。

〔3〕翠羽：翠绿的羽毛。

〔4〕偃盖：本意是车篷或伞盖，引喻为圆形覆罩之物。

〔5〕鸡子：鸡蛋。

〔6〕盘槎：此处应指木筏。

〔7〕符檄（xí）：官符移檄等文书的统称。

〔8〕吴唐草：一种中草药名称。

译文

【名状】又名三秀、菌蠢。《神农经》里说："（灵芝）红的像珊瑚，白的像切开的脂肪，黑的像润泽的油漆，绿的像翠绿的羽毛，黄的像紫金。"《抱朴子》中记载的品种有龙仙芝（形状像升龙，叶片为其鳞片，根像蟠龙一样）、五德芝（形状像楼殿一样，茎为方形，叶片呈五色，上部如圆形覆罩物，中间有甘甜的雨露）、参成芝（红色有光泽，折断之后再连接起来就能恢复如初）、独摇芝（没有风也会自己摇动，赤若红花，叶片与苋相似，根上最大的块茎像斗一样，细小的块茎则像十二个鸡蛋聚集在一起）、白符芝（高四尺，类似梅。常在大雪时开花，冬天结果实）、牛角芝（形状像牛角一样，长三四尺，青色）、樊桃芝（形状像升龙一样，叶片像丹罗，果实像翠鸟）、玉脂芝（生长在有玉石的山上，玉膏凝结成鸟兽的形状）。还有青云芝（三层青色菌盖，上面覆有雾状孢子）、白云芝、云母芝（生长在白石之上，白色孢子覆盖其上）、金兰芝（生长在山北面的金石间，上面有水盖，喝了它的水可以延年益寿）、九曲芝（朱草有九处弯曲的地方，每处长有三片叶子）、火芝（叶子红色，茎青色）、月精芝（秋天生长在阳石之上，茎青色，整体上半部分为红色）、夜光芝（生长在华阳洞，五色水汽浮在它的上面）、萤火芝（生在良山，叶子像草，果实像豆）、九光芝（形状像木筏，生长在水边的高山之上）、凤脑芝（苗像匏一样，结的果实像桃子），以及道教经典中所记载的各种灵芝仙草，必须在三月、九月之时，牵着白狗，抱着白鸡，用一斗盐并开山符檄，贴放在山上的大石头上。拿着一把吴唐草进山，山神（看见了）高兴，就必定能采到（也见于《抱朴子》）。

兰花

（幽人空山）

名状

一名蕳，一名都梁香，一名水香，一名香草，一名女兰，一名大泽春。有素心、血舌、刘海舌、梅瓣、荷瓣、虫兰诸名色。滇南有红兰，蜀中有雪兰，皆为常品，惟金兰、墨兰为难得。又有春兰、夏兰、秋兰、四季兰诸种，其一茎数花者为蕙，以福建龙岩州所产一茎十八朵，名十八学士者为最。

栽种

喜洁恶肥，尤忌湿。盆底须放炭数块。用金银花四钱、防风六钱同种，则四季开花。根防蚁食，以羊角引去之。建兰宜种铁器内，或以破铁釜〔1〕数片埋盆底。有相传种诀云："春勿出，夏勿日，秋勿干，冬勿湿。"依此行之，不患不茂也。

注释

〔1〕釜：炊具名。类似锅。

译文

【名状】又名蕑、都梁香、水香、香草、女兰、大泽春。有素心、血舌、刘海舌、梅瓣、荷瓣、虫兰几个品种。滇南有红兰，蜀中有雪兰，都是寻常所见的品种，只有金兰、墨兰最为难得。还有春兰、夏兰、秋兰、四季兰等品种，其中一根茎枝上开多花的叫蕙，以福建龙岩所产的一根茎枝上开十八朵花，名叫十八学士的兰花，最为珍贵。

【栽种】喜欢贫瘠的土壤，不喜肥沃，尤其害怕潮湿。花盆底部需要放几块炭。与四钱金银花、六钱防风一起栽种，会四季开花。根部要防止虫蚁啃食，可以用羊角引走（它们）。建兰适宜种在铁器内，或者把几片破旧的铁釜埋在花盆底部。相传有栽种口诀："春天不能置于室外，夏天不能日晒，秋天不能干燥，冬天不能潮湿。"依照这种口诀养兰花，不用担心它不繁茂。

香草

（时见美人）

名状

一名熏草，一名燕草，一名黄零草，即零陵香。今常州、镇江民间皆种之。以出外方香，故又名离乡草。《群芳谱》以为当即是蕙，未确。

制用

晒干后为囊，佩之经岁犹香，可辟虿蜚[1]。

注释

〔1〕虿蜚（chài féi）：虿，类似蝎子一类的毒虫；蜚，臭虫。

译文

【名状】又名熏草、燕草、黄零草，即零陵香。今常州、镇江民间都种植它。由于在异地他乡依然芳香扑鼻，因此又名离乡草。《群芳谱》中认为香草即蕙，未必准确。

【制用】晒干之后可以做成香囊，佩戴很久仍旧有香味，可以驱赶虿蜚之类的虫子。

芸香

（莼苒在衣）

名状

一名山矾，一名椗花，一名柘花，一名玚花，一名春桂，一名七里香。叶类豌豆，三月开小白花，香闻数十步之外。

栽种

春分前后分种，易生。

制用

簪之可以松发，置席下去蚤虱，置书帙中能辟蠹[1]。

注释

［1］蠹（dù）：蛀蚀器物的虫子。

译文

【名状】又名山矾、椗花、柘花、玚花、春桂、七里香。叶片类似豌豆叶，三月开白色小花，香气在十几步之外就能闻到。

【栽种】春分前后分株栽种，容易成活。

【制用】插入发中可以松散头发，放在席子下面可以驱除跳蚤、虱子，放在书中能够驱赶蠹虫。

剪罗

（伊谁与裁）

附剪金罗、剪金纱

名状

剪春罗，一名剪红罗，蔓生。春末开花大如钱，六出，深红色。结实如豆，内有细子。剪秋罗，一名汉宫秋，色与剪春罗相仿，八九月开花。又有夏罗、冬罗，皆以花开时定名。

栽种

春月分根，子亦可种。喜阴湿地，清水灌之茂。忌粪浇。

制用

剪春罗花叶和蜜捣烂，治火带疮[1]绕腰生者，极效。

附录

剪金罗，金黄色。剪红纱，状如石竹而稍大，结穗亦相似。

注释

〔1〕火带疮：病名出自《疡医准绳》，又称“蛇缠虎带”，是生于腰肋间的疱疹性皮肤病。

译文

【名状】剪春罗，又名剪红罗，蔓生植物。春末盛开像钱币一样大小的花，花瓣六片，深红色。结的果实像豆子，里面有细小的子。剪秋罗，又名汉宫秋，花色和剪春罗相似，八九月开花。还有夏罗、冬罗，都是以开花时间命名的。

【栽种】春天分根，种子也可以种植。喜欢阴湿的地方，用清水浇灌就会生长茂盛。忌用粪水浇灌。

【制用】剪春罗的花、叶掺蜜捣碎后，可用于治疗绕腰而生的火带疮，且有极好的疗效。

【附录】剪金罗，金黄色。剪红纱，形状像石竹又比石竹稍大，结的穗也和石竹相似。

宜男草

（诵之思之）

名状

一名忘忧，一名疗愁，一名宜男。通作谖、蘐、蕿、萲，本作萱。苞生，叶四垂，花如黄鹄。有春花、夏花、秋花、冬花，黄、白、红、紫，单叶、重叶诸种。

栽种

初种宜稀，次年自能稠密。春月分根，以根向上叶向下种之，尤易茂盛。

译文

【名状】又名忘忧、疗愁、宜男。通作谖、蘐、蕿、萲，本作萱。苞生植物，叶片从四面垂下来，花朵形似黄鹄。有春花、夏花、秋花、冬花，黄色、白色、红色、紫色，单瓣、重瓣等品种。

【栽种】首次种植的时候要稀疏一点，来年自然就会变得密集。春天分根，按根向上、叶向下栽种，尤其容易生长茂盛。

称意花（如是得之）

名状

春月初小红花，妩媚可爱。

栽种

春初分种，易活。

译文

【名状】初春开小红花，花姿妩媚可爱。

【栽种】初春分种，容易成活。

长春花（如将不尽）

名状

一名金盏花，一名杏叶草。开金红花，四时不断。

栽种

正月扦之即活。

译文

【名状】又名金盏花、杏叶草。开金红色的花朵，四季开放不绝。

【栽种】正月扦插即可成活。

千年蒀[1]（与古为新）

名状

叶如带而厚，长尺许，深碧色。有根干湿皆不死，结子如樱桃，经时不坏。

制用

盆植，有带子者能催生。

注释

〔1〕千年蒀（yūn）：又指万年青，多年生草本植物。

译文

【名状】 叶片像丝带而且很厚，长约一尺，深绿色。只要有根，无论干湿都不会死，结的果实像樱桃，很长时间都不会坏。

【制用】 盆栽，带有球的可以进行繁殖。

郁金〔1〕

（神出古异）

名状

产郁林州〔2〕者佳，一丛十二叶，为百草之英。

制用

周礼〔3〕祭祀，和酒灌地以降神〔4〕，宾客亦用之。前朝宫嫔多服之者，或用以为佩。

注释

〔1〕郁金：俞香顺教授所著《“郁金”考辨——兼论李白“兰陵美酒郁金香”》一文指出，我国古代典籍中所言“郁金”有两种。一种是姜科姜黄属植物，另一种是鸢尾科番红花属植物，两者与我们今天所熟知的百合科郁金香均无关。

〔2〕郁林州：古代地名，今玉林市。

〔3〕周礼：儒家经典著作。

〔4〕和酒灌地以降神：周朝时的一种祭祀仪式。

译文

【名状】产自郁林州的郁金最好，一丛十二片叶，是百草中的精英。

【制用】《周礼》中记载，祭祀时，常将郁金和酒洒在地上以告先灵，宾客也可以享用它。前朝皇宫里的宫女、妃嫔多服用它，或将它作为佩饰。

丽春

（良弹美襟）

名状

花叶俱似罂粟而小，结子亦相同。惟茎上多刺为少异。

栽种

秋季下子，余同罂粟。

译文

【名状】花和叶都与罂粟相似，但比罂粟的小，结的果实也与罂粟相似。只是茎上多有刺，这是和罂粟稍微不同的地方。

【栽种】秋天播种，其他的（栽种方法）和罂粟相同。

玉簪

（脱巾独步）

名状

一名白鹤仙，一名白萼，一名季女。丛生，叶大如掌，深碧色，有黄绿相间者。花开如白玉簪。又一种花紫而小，能损齿牙。

栽种

宜阴湿地，春雨后分根。忌铁器。

制用

花未开时纳铅粉在内，线缚口令干，经岁犹香，为闺阁妙品。

译文

【名状】又名白鹤仙、白萼、季女。丛生，叶片像手掌一样大，呈深绿色，有的叶片为黄绿相间。开的花朵像白玉簪一样。还有一种花朵是紫色而且花型较小，会损伤牙齿。

【栽种】适宜栽种在阴湿的地方，春雨之后分根栽种。忌铁器。

【制用】花苞还未打开时将铅粉放入其中，用线封口待其干燥，过了很久仍旧有浓郁的花香，是极好的闺阁用品。

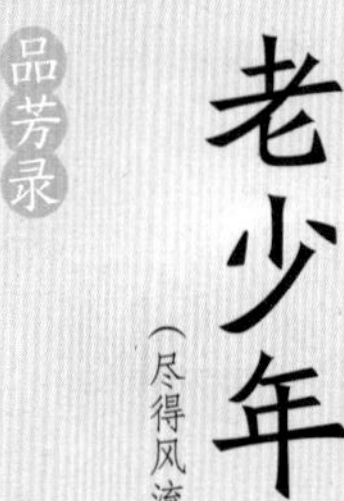

老少年（尽得风流）

名状

一名雁来红。黄者名雁来黄。红黄绿三色相间者名锦西风，又名十样锦。

〔清〕王武

栽种

正月下种，用毛灰盖之以防蚁食。性喜肥，壅以鸡粪则茂，高能过墙。

译文

【名状】又名雁来红。花朵黄色的叫雁来黄。花朵红、黄、绿三色相间的叫锦西风，也叫十样锦。

【栽种】正月栽种，可用毛灰覆盖以防虫蚁啃食。喜肥，用鸡粪培壅会生长茂盛，长得高过墙。

侧金盏

（倒酒既尽）

名状

其花朝开暮落，形似金盏，故名。一名秋葵。叶似鸭脚，大可盈尺，又名鸭脚葵。花落后结角，六棱，中有子。朝夕倾阳，此葵是也。

栽种

二月初下子。

制用

花落后取浸油内，以傅汤火伤及杖疮，甚效。

译文

【名状】它的花朵早上开放、傍晚凋落，形状像金盏花，因此得名。又名秋葵。叶片形似鸭脚，大的一尺长有余，故又名鸭脚葵。花落后结荚，六棱，中间有子。早晚都向阳——鸭脚葵就是如此。

【栽种】二月初播种。

【制用】花朵凋落后，取来放在油里浸泡，涂抹在烫伤、烧伤及杖疮处，疗效很好。

沃丹

（令色细缊）

名状

名山丹，一名中庭花。花似百合而小，深红色，故名沃丹。

栽种

性喜肥，宜鸡粪。

译文

【名状】又名山丹，还有一种名叫中庭花。花朵类似百合而又比百合小，深红色，因此得名沃丹。

【栽种】喜肥，适宜施以鸡粪。

篱豆花

（如有佳话）

名状

一名扁豆，一名沿篱豆花。有红、白二色。结荚长寸余，有青、白、紫三种。

栽种

二月下子，盖以草灰，不用土覆，宜于篱落，或用木棚作架。

译文

【名状】又名扁豆、沿篱豆花。有红、白两种花色。结的豆荚约有一寸长，有绿、白、紫三种颜色。

【栽种】二月播种，盖上草灰，不用覆盖土壤，适宜种在篱笆旁，或者用木棚作可攀附的架子。

吉祥草

（书之岁华）

名状

一名如意草。结子。蓓蕾有红、碧二色，根似麦冬，叶之稍阔者为书带草。

栽种

分根易活，不拘何时。

译文

【名状】又名如意草。可结子。花蕾有红、绿两种颜色，根像麦冬，叶片稍宽大的是书带草。

【栽种】分根栽种容易成活，不限制栽种时间。

旌节花（富贵冷灭）

名状

俗讹为锦茄儿花。高四五尺，节节对生，红紫如锦。

译文

【名状】常被误认为是锦茄儿花。株高四五尺，花朵节节相对而生，像丝绸一般红紫。

曼陀罗花

（如见道心）

名状

醉仙桃，一名闹杨花。七八月间花开似秋葵而色白，子亦相类。

制用

研子为末，入酒饮之易醉，俗名蒙汗药。

译文

【名状】又名醉仙桃、闹杨花。七八月开出像秋葵一样的花朵，但颜色为白色，结的子也（和秋葵）类似。

【制用】将它的子研磨为粉末状，掺入酒中喝了容易醉，俗称蒙汗药。

山丹

（行气如虹）

附番山丹

名状

一名连珠，一名红花菜，一名红百合，一名川强瞿。根似百合而小，叶似柳狭长而尖，花有红、白二种。四季开花者，名四季山丹。

栽种

春秋皆可分种，喜鸡粪。

附录

番山丹，一名回头见子花。高尺许，花如朱砂，根同百合。可食，味少苦。

译文

【名状】又名连珠、红花菜、红百合、川强瞿。根像百合而又比百合的小，叶片像柳叶一样细长而尖，花有红、白两种颜色。四季开花的叫四季山丹。

【栽种】春天、秋天都可以分株栽培，喜施鸡粪。

【附录】番山丹，又名回头见子花。高约一尺，花色红如朱砂，根与百合相同。可食用，味微苦。

滴滴金（始轻黄金）

名状

一名夏菊，一名艾菊，一名旋覆花。叶尖而长，花开黄金色。

栽种

扦插易活，花稍头露滴入土即生。

译文

【名状】又名夏菊、艾菊、旋覆花。叶片尖而长，开的花为金黄色。

【栽种】扦插容易成活，花梢的露珠滴入土壤中即可使植株生根发芽。

金钱花

（俯拾即是）

名状

一名子午花，一名夜落金钱花，《群芳谱》谓为金榜及第花。绿叶柔枝，秋月开金黄花，形似钱，故名金钱。白者为银钱。

栽种

喜栽肥湿地。

译文

【名状】又名子午花、夜落金钱花，《群芳谱》中称之为金榜及第花。叶片绿色，枝条柔软，秋天开金黄色的花朵，形状像钱币，因此得名金钱。开白色花的叫银钱。

【栽种】喜欢栽种于肥沃、湿润的地方。

虞美人

（泛彼浩劫）

〔清〕王武

名状

独茎，三叶，叶如决明。两叶在茎，一叶在端。俗称虞姬死后所化，人或抵掌歌虞美人曲则叶动如舞，故又名舞草。今以丽春当之，殊误。

译文

【名状】独茎，叶三片，形似决明叶片。两片叶互生在茎上，一片叶单生在茎端。据传该植物是虞姬死后幻化所成，人若是拍掌唱《虞美人曲》，叶片就会舞动起来，因此又名舞草。现今把它当作丽春，错得太远了。

秋海棠

（若不堪忧）

〔清〕恽寿平

名状

一名八月春，一名断肠草。有红、白二种。花开净白，叶无红筋者为上，相传为思妇之泪所化。

栽种

喜阴湿，九月收子撒盆内或墙下，春自发芽。冬月畏冷，须用草盖。

译文

【名状】又名八月春、断肠草。有红、白两种花色。开白色花、叶片上无红色叶脉的是上品，相传是饱含思念之情的妇人的眼泪幻化所成。

【栽种】喜阴湿，九月收种子撒在花盆内或者墙脚，春天自然就会发芽。冬天害怕寒冷，须用草覆盖。

将离

（握手已违）

名状

一名芍药，一名余容，一名婪尾春，一名犁食，一名黑牵夷。花备各色，以黄者为贵，余皆常品。

栽种

喜肥，宜鸡粪与猪牛羊粪。惊蛰至清明不可断水。浇花时，宜扶以竹条，不使倾侧；遮以苇箔，令其耐久。花谢后亟宜剪去其子，屈盘其枝，使不离散，则生气不上行，而皆归于根。明春苗发必肥，花色更为艳丽。八月至十二月，其津液在根可分，春月分之必不茂。谚云：“春天分芍药，到老不开花。”

译文

【名状】又名芍药、余容、婪尾春、犁食、黑牵夷。花朵有各种颜色，以黄色的最为珍贵，其他颜色的都比较普通。

【栽种】喜肥，适宜用鸡粪和猪、牛、羊粪做花肥。惊蛰到清明这一段时间需不断浇水。浇花的时候，最好用竹条支撑，不让花枝倾斜；用苇箔遮挡，可使其花期更长。花谢后应立即剪去它结的子，盘起枝条，使其聚在一起，这样养分就不会往上走，而是流归到根部。来年春苗一定发得很茂盛，花开的颜色也会更加艳丽。八月到十二月，其津液在根部，正好可以分根栽种，春天分根栽种必定不会生长旺盛。谚语说："春天分种芍药，（芍药）到死也不会开花。"

当归

（之子远行）

名状

一名文无，一名乾归，一名山蕲，一名白蕲。七八月开浅紫花，似莳萝。

制用

花、叶、茎全入药。

译文

【名状】又名文无、乾归、山蕲、白蕲。七八月开浅紫色的花朵，形似莳萝。

【制用】花、叶、茎全部可以入药。

卷耳

（适若欲死）

名状

一名宿莽，一名枲，一名常思，一名㒳草，一名必栗香。拔心不死。

制用

可毒鱼。碎上流，鱼悉暴腮[1]。置书笥[2]中，可辟蠹。

注释

〔1〕暴（pù）腮：出自《太平御览》。此处指暴腮而死。

〔2〕书笥：书箱。

译文

【名状】又名宿莽、枲、常思、㒳草、必栗香。拔出草芯也不会死。

【制用】可以毒鱼。将其捣碎放在河流的上游，鱼便会暴腮而死。放置在书箱中可驱赶蠹虫。

风兰

（泛彼无根）

名状

产温台山阴谷中，悬根而生。春月开黄、白花，冬夏长青，可称仙草。

栽种

悬置见天不见日处，朝夕噀[1]以清水。性畏烟烬。

制用

悬房中能催生。

注释

〔1〕噀（xùn）：含在口中喷出。

译文

【名状】产自温台山北面的山谷中，根系垂吊生长。春天开黄色、白色的花，冬夏长青，可称之为仙草。

【栽种】悬挂在户外遮阴处，早晚用口喷以清水。不喜烟尘。

【制用】悬挂在房屋中能够加速生长。

端午菊

（如气之秋）

附百日红

名状

叶如车前草，一名蓝菊花，有红、白、蓝、紫诸色。

栽种

收花晒干，于来岁三月间揉碎捽土上，盖以草灰，浇以清水，数日便生。俟长四五寸后，分栽易活。

附录

百日红叶似滴滴金，花如满天星。种法与端午菊相同。

译文

【名状】叶片像车前草，又名蓝菊花，有红、白、蓝、紫几种花色。

【栽种】采收花朵晒干后，来年三月揉碎撒在土上，用草灰覆盖，浇以清水，几天就会生根。等植株长到四五寸高后，分根栽种容易成活。

【附录】百日红的叶片像滴滴金，花朵像满天星。栽种方法和端午菊相同。

菊花

（澹者屡深）

名状

一名延年，一名日精，一名节花，一名帝女花，一名更生，一名阴威，一名傅公，一名治蘠。《埤雅》云：本作蘜，从鞠，穷，花事至此而穷尽也。花各种颜色，名目多至百余种，皆随时取义，究无定名。

栽种

性喜阴，四月内扦之即活。本草及《千金方》皆言菊有子，将花之乾[1]者，令近湿土，不必埋土中，明年自有芽。梅雨时，将枝头摘去便成两歧，再掐再歧则枝益短。花不宜多，多则开不能大，宜剌去之。有相传种诀云：“三月分根，四掐头，五、六两月水流流。”种菊花之要，不外是矣。

〔清〕邹一桂

制用

菊花食之令人益寿，伊世珍《琅环记》[2]载：“菊实大如指，色红，食之者得仙。”藏菊花于冬瓜中，将纸封固，春月取出，犹如新摘。

注释

〔1〕乾：此处指雄花。

〔2〕《琅环记》：又称《琅嬛记》，我国古代笔记小说，元朝伊世珍著，记载了很多传奇故事，都为短篇。

译文

【名状】又名延年、日精、节花、帝女花、更生、阴威、傅公、治蘠。《埤雅》记载：本来写作蘜，从鞠即穷尽，意指花事到菊花就彻底结束了。菊花有各种颜色，名目达一百多种，都是随时取其义而定名称，没有固定的名称。

【栽种】喜阴，四月扦插即可成活。《本草经集注》以及《千金方》中都记载菊花会结子，将雄花放于湿土旁，不必埋土里，来年自然会发芽。梅雨之时，折去枝头就会长出两个枝丫，如此反复折，枝条就会更短。花最好不要太多，多了就开不大，最好去掉一些。相传有种菊口诀：“三月分根栽种，四月掐头，五、六月多浇水。”种菊花的关键之处，不外乎这些。

【制用】食用菊花可以使人延年益寿，伊世珍著《琅环记》记载：“菊的果实像手指般大小，红色，吃了它可以得道成仙。”把菊花储藏在冬瓜中，用纸密封，来年春天取出，依旧像新摘的一样。

金丝荷叶

（柳荫路曲）

名状

《群芳谱》谓之虎耳草，以形似也。一名石荷叶。叶如钱，上有白毛。夏月花开浅红色。

栽种

宜栽阴湿地。

制用

捣汁滴耳中，治耳疮。酒服，治瘟疫。

译文

【名状】《群芳谱》中称它为虎耳草，因为形状相似。又名石荷叶。叶片形如钱币，上面有白毛。夏天开浅红色的花。

【栽种】适宜栽种在阴凉潮湿的地方。

【制用】将捣碎后的汁液滴入耳中，有助于治疗耳疮。和酒服用，有助于治疗瘟疫。

石竹

（山之嶙峋）

名状

叶纤细而青翠，花开千瓣而五色者为洛阳花。

栽种

春月分栽。

译文

【名状】叶片纤细且色泽青翠，花朵复瓣且五颜六色的是洛阳花。

【栽种】春天分种。

〔清〕恽寿平

翠云草（碧苔芳晖）

名状

俨如叠翠，堪为雅玩。

栽种

春雨时可分，宜栽阴湿地。遇土即生，见日即消。于虎刺、芭蕉、秋海棠下栽之易茂。

译文

【名状】形态俨如层叠的青山，可以作为高雅的赏玩之物。

【栽种】春雨时节可以分种，适宜栽种在阴凉潮湿的地方。植于土中即可生长，遭受日晒即易枯萎。栽种在虎刺、芭蕉、秋海棠下方容易生长茂盛。

胭脂花

（万取一收）

名状

枝节对生，绿叶如苋。夏月开花，有红、白、黄三色。花开在傍晚时，结黑子如豌豆。

栽种

三月下子易生。

制用

取子研粉作画永不变色。

译文

【名状】枝节相对而生，绿叶像苋。夏天开花，有红、白、黄三种颜色。傍晚开花，结的黑色果实像豌豆一样。

【栽种】三月播种容易成活。

【制用】取其子研末成粉，用于作画永远不会变色。

菜花

（脱然畦封）

栽种

园圃中栽数畦，可招蜂蝶。

译文

【栽种】在园圃中栽种几畦（菜花），可以招揽蜜蜂和蝴蝶。

苍苔

（幽行为迟）

名状

一名绿苔，一名品藻，一名品落，一名泽葵，一名绿钱，一名重钱，一名圆藓，一名垢草。生空庭阴湿地。

栽种

以茭泥和马粪涂石上即生。

译文

【名状】又名绿苔、品藻、品落、泽葵、绿钱、重钱、圆藓、垢草。生长在空旷阴凉潮湿的地方。

【栽种】将干草泥和马粪搅在一起，涂抹在石头上（苍苔）就可以生长。

葫芦

（大用外腓）

名状

一名蔟菇[1]，即瓠[2]也。有大如盆盎[3]者，有小而扁圆者，有长柄者，有亚腰[4]者，有肥圆而可为菜食者。陆农师云："项短大腹曰瓠，细而合上曰匏，似匏而肥圆者曰壶。"

栽种

二月下旬下种，喜肥，宜草灰，壅以油麻、菉豆、烂草及驴马粪则茂，用片瓦篾劙[5]其根，纳之则多实。于蛋壳内种之，复将蛋壳埋土中，则结实渐小。依此种之，二三年后大如豆。又以寻常葫芦移接于鸡冠花上，则结实皆成红色。以萆[6]麻子与长柄葫芦共煮，乘其熟时绵软，将葫芦长柄挽成一结，干之便如生成。《草木枢经》载种大葫芦法："方五尺，种四本，每两近处用竹片刮其半，交合泥封，俟其活，除去一穗，复取两大本相并如前法。至结实时，只存其一两个，余皆刺去不复留，则一斗之种，大可一石。"《酉阳杂俎》："葫芦实时，用盆水照之，则结者皆圆。"

佳卉

注释

〔1〕蘷菇（kuí gū）：王瓜。葫芦科植物的一种。

〔2〕瓠（hù）：葫芦的一种。

〔3〕盆盎：盎是一种口小腹大的容器。盆盎指较大盛器 。

〔4〕亚腰：形容中间细两头粗的样子。

〔5〕劙（lí）：刺破；割破。

〔6〕萆（bì）：同“蓖”。

译文

【名状】又名蘷菇，也就是瓠。有大如盆盎的，有小而扁圆的，有长柄的，有中间细两头粗的，有肥圆可以当菜吃的。陆农师说：“颈短而大肚的叫瓠，上部细长的叫匏，像匏而肥圆的叫壶。”

【栽种】二月下旬栽种，喜肥沃土壤，最好用草灰覆盖。施以油麻、绿豆、烂草，以及驴、马粪便就会生长茂盛，用瓦片割开根部，予以填充就会结很多果实。在蛋壳里栽种，再把蛋壳埋入土中，结的果实就会渐渐变小。照这样种植，两三年后果实便会长得如豆子般大小。把普通的葫芦嫁接于鸡冠花上，结的果实就都变成了红色。把蓖麻子和长柄葫芦一起煮，趁着熟时的绵软，将葫芦的长柄绕成一个结，干了之后就像生长成如此一样。《草木枢经》中记载栽种大葫芦的方法：“方圆五尺之内，种四株，相临的两株用竹片各刮去一半，将其相互缠绕在一起用泥封住，等其存活后，去掉一个穗，再取两大株按前面的方法操作，直到结果实的时候，只留其中一两个，其他的都去掉，不再保留，这样一来，一斗种子就可以获得一石（十斗为一石）收成。”《酉阳杂俎》：“葫芦结果的时候，用盆子盛水放在其下方映照，结的果实都会变圆。”

罂粟

（真艳内充）

名状

一名米囊，一名御米，一名米壳。叶如蒿，花有大红、粉红、纯白、纯紫等色，实如莲房，中有子数千粒。

译文

【名状】又名米囊、御米、米壳。叶片似蒿，花有大红、粉红、纯白、纯紫等颜色，果实像莲蓬，中间有数千粒种子。

露葵（风日水滨）

名状

一名蜀葵，一名吴葵，一名滑菜，一名卫足，一名一丈红，亦名俗忌花，有深红、浅红、紫、白、蓝诸色。

栽种

宿根自生，子亦可种。

译文

【名状】又名蜀葵、吴葵、滑菜、卫足、一丈红，也叫俗忌花，有深红、浅红、紫、白、蓝几种颜色。

【栽种】宿根自然就会生长发芽，结的子也可以种植。

仙人掌（太华夜碧）

名状

形类山药而扁，如人手掌。其圆者为拳，其方者为鞭。

栽种

春月扦之即活。夏月宜置阴湿地。冬月宜干，防冻坏。

译文

【名状】形状类似山药而又比山药扁，像人的手掌。其中圆的像拳头，方的像鞭子。

【栽种】春天扦插就可以成活。夏天适宜放置在阴凉潮湿的地方。冬天适宜保持干燥，防止被冻坏。

满天星

（前招三辰）

名状

一名甘菊。花小如指头，有黄、白二色。

栽种

与菊相仿。

制用

花入药，可代茶。作枕能明目益寿。

译文

【名状】又名甘菊。花朵像指头一样小，有黄、白两种颜色。

【栽种】和菊花的栽种方法相似。

【制用】花朵可入药，代替茶饮。用花填充制作成枕头，能够明目、延年益寿。

兔丝草

（月出东斗）

名状

一名女萝，一名金丝草，一名兔缕，一名兔虆，一名赤网，一名玉女，一名唐蒙花，一名火焰草。附物而生，花开淡红色，香气袭人。

译文

【名状】又名女萝、金丝草、兔缕、兔虆、赤网、玉女、唐蒙花、火焰草。攀附他物而生，开淡红色的花朵，香气沁人心脾。

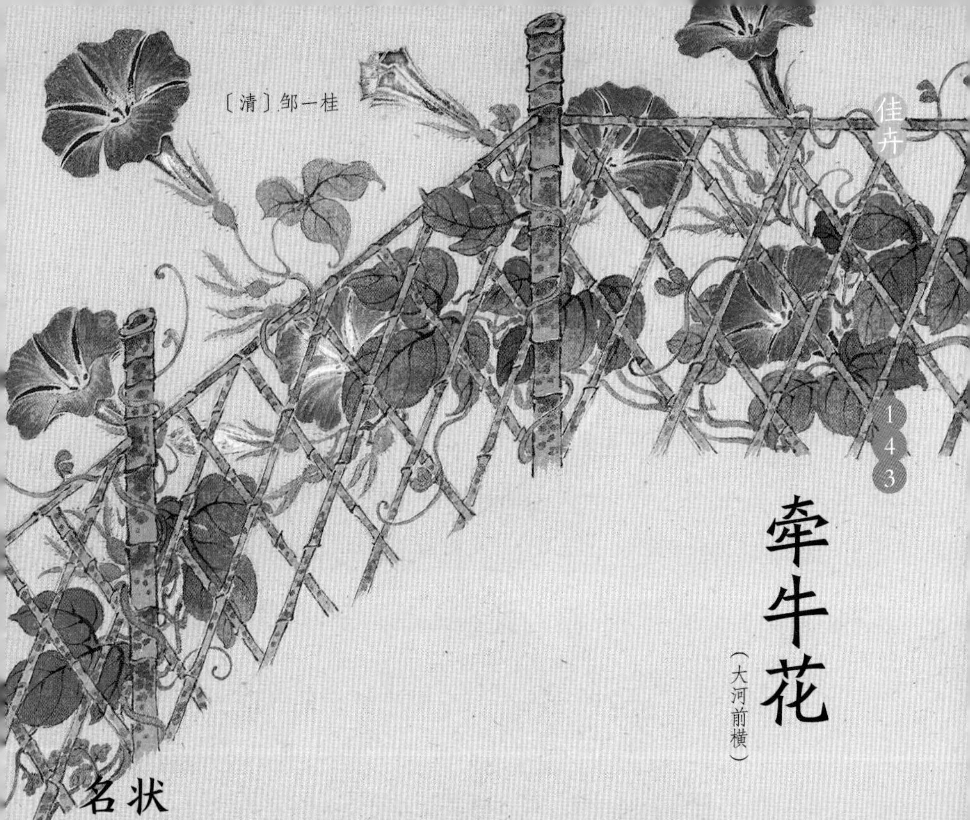

牵牛花

（大河前横）

名状

一名草金铃，一名盆甑草。蔓生。叶如扁豆叶，夏月开花，先蓝后紫。结子如豆蔻，黑者为黑丑，白者为白丑。

栽种

喜肥湿，于篱落间栽之尤宜。

译文

【名状】又名草金铃、盆甑草。蔓生植物。叶片像扁豆叶，夏天开花，花朵先是蓝色而后渐变为紫色。结的子像豆蔻，黑的叫黑丑，白的叫白丑。

【栽种】喜肥沃、湿润，在篱笆之间栽种最为适宜。

鸳鸯草（离形得似）

名状

花在叶中，二三月开，两两相向，如飞鸟对翔，故名。

译文

【名状】花朵生长在叶片之中，二三月开花，两两相对，像飞鸟相对飞翔一样，因此得名。

蝴蝶花

（意象欲生）

名状

根即射干[1]，叶似萱草。春月开花，蓝紫相间，上有斑点，作黄、红色，宛如蝴蝶飞舞。

注释

〔1〕射干：一种中药，是蝴蝶花干燥的根茎。

译文

【名状】根就是射干，叶片像萱草。春天开花，花朵蓝紫相间，上面有黄色和红色的斑点，形似蝴蝶在飞舞。

〔清〕董诰

龙爪花（风云变态）

名状

一名金敦，一名鹿葱。叶似萱草而狭长，花似金银藤而多须，色赤如丹砂，花后始叶。

栽种

喜阴，宜栽种石傍近水处。

译文

【名状】又名金敦、鹿葱。叶片像萱草但更细长，花朵像金银藤但雄蕊多且长，颜色红如丹砂，先开花后长叶。

【栽种】喜阴，适宜栽种在靠近水的石头旁边。

游龙草（走云运风）

名状

蔓生，予名之为旱藻花。花似丁香，色赤如丹，结子黑如椒粒。附物而生，如千丝翠缕。

栽种

三月初下子，以竹枝扎成亭阁台榭形像，使其附丽盘曲，苍翠可观。

译文

【名状】蔓生植物，我给它取名为旱藻花。花朵像丁香，颜色红如丹砂，结的子黑得像椒粒。攀附他物生长，像千丝翠缕一般。

【栽种】三月初播种，用竹枝扎成亭阁台榭的形状，让它攀附其上盘曲生长，苍翠青绿，值得观赏。

凤仙花

（远引若至）

名状

一名小桃红，一名海纳，一名旱珍珠，一名染指甲草，又名菊婢。有大红、粉红、浅深紫、纯白及红绿相间诸色。泰山顶上有黄色者，然移栽与子种皆不能生。

〔清〕恽寿平

栽种

二月下子，梅雨时扦之易活。花开后，子落地又生。植之盆内，常置暖处，虽冬月亦能作花。以梧桐子劈开纳凤仙花子在内，佩于腰间，春月种之，则花开皆在叶上。又子纳乌鱼腹内种之，则花倍于常，高可数尺。

制用

花可染指甲。取红色者捣烂煮犀角杯，色赤如蜡，且可刻。惟初煮出，忌见风，防裂。花叶名透骨草，子名急性子，皆入药。

译文

【名状】又名小桃红、海纳、旱珍珠、染指甲草、菊婢。有大红、粉红、浅紫、深紫、纯白及红绿相间等多种花色。泰山顶上有黄色的凤仙花，但是移栽和播种繁殖都不能成活。

【栽种】二月播种，梅雨时节扦插容易成活。花开之后，种子落地又可以生根繁殖。盆栽种植，常放置在温暖的地方，即使冬天也能开花。把梧桐子劈开后将凤仙花子放入其内，佩戴在腰间，春天种植，开的花就会都在叶子上。把凤仙花子放在乌鱼的肚子里一同种下，开的花会比寻常的多出数倍，株高可达几尺。

【制用】花朵可以染指甲。摘取红色的花捣烂后用于煮犀角杯，杯子的颜色会像蜡一样红赤，而且上面可以雕刻。只是刚煮出来的时候不要被风吹，以免犀角杯开裂。茎枝名叫透骨草（凤仙透骨草），种子名叫急性子，都可以入药。

鹭丝草[1]（如觅水影）

名状

一名五里香。生田间，蔓生，二三月开小白花。朱弁[2]《曲洧旧闻》[3]云："香似木樨。"

注释

〔1〕鹭丝草：现名鹭鸶草。

〔2〕朱弁：字少章，号观如居士，南宋文学家，是南宋大儒朱熹的叔祖。

〔3〕《曲洧旧闻》：共十卷，是南宋时期一部比较重要的文言小说集。

译文

【名状】又名五里香。生长在田间地头，蔓生植物，二三月开小白花。朱弁所著的《曲洧旧闻》中记载："（鹭丝草）香味像木樨。"

虎迹草（喻彼行健）

名状

叶小而圆，夏月花开如桂，深黄色。结实如刺藜，大如指顶。

译文

【名状】叶片小而圆，夏天开放像桂花一样的花朵，呈深黄色。结的果实像刺藜，大小像指头一般。

鸡冠花

（是谓存雄）

名状

有扫帚、扇面、璎珞诸名，并各种颜色。

栽种

清明下子，用团扇撒种则成大片。种下之后，即用粪浇，可免虫食。

译文

【名状】有扫帚、扇面、璎珞等品种，并且有各种颜色。

【栽种】清明播种，用团扇撒种就会成大片生长。种下之后，立刻用粪水浇灌，可以避免被虫吃。

成实

武进　徐寿基（桂珏）

〔清〕董诰

瞻彼中林[1]，有蕡其实[2]。薄言采之[3]，我心则获。倾筐塈之[4]，式食庶几[5]。洵美且异[6]，可以乐饥[7]。录成实第四。

注释

〔1〕瞻彼中林：语出《诗经·大雅·桑柔》。云："瞻彼中林，甡甡其鹿。"瞻彼中林，意思就是瞧那郊外的树林中。

〔2〕有蕡（fén）其实：语出《诗经·国风·周南·桃夭》。云："桃之夭夭，有蕡其实。"有蕡其实，意思就是果实累累结满枝。

〔3〕薄言采之：语出《诗经·国风·周南·芣苢》。云："采采芣苢，薄言采之。"薄言，语气助词，无实义。采之，即采摘它。

〔4〕倾筐塈（jì）之：语出《诗经·召南·摽有梅》。云："摽有梅，倾筐塈之。"倾筐塈之，意思就是多得要用筐子盛装。

〔5〕式食庶几：语出《诗经·小雅·车辖》。云："虽无嘉肴，式食庶几。"庶几，表示希望的意思。式食庶几，意思就是希望你能吃得舒服开心。

〔6〕洵美且异：语出《诗经·邶风·静女》。云："自牧归荑，洵美且异。"洵，信也，即确实、的确之意。异，奇异、奇特。

〔7〕可以乐饥：语出《诗经·陈风·衡门》。云："泌之洋洋，可以乐饥。"乐饥，亦作解饥。

译文

瞧那郊外的树林中，果实累累结满枝。采摘它们，我的内心收获满满。果实多得要用筐子盛装，希望你能吃得舒服开心。这些果实确实美味而又奇特，可以充饥解饿。录为成实第四。

〔明〕项圣谟

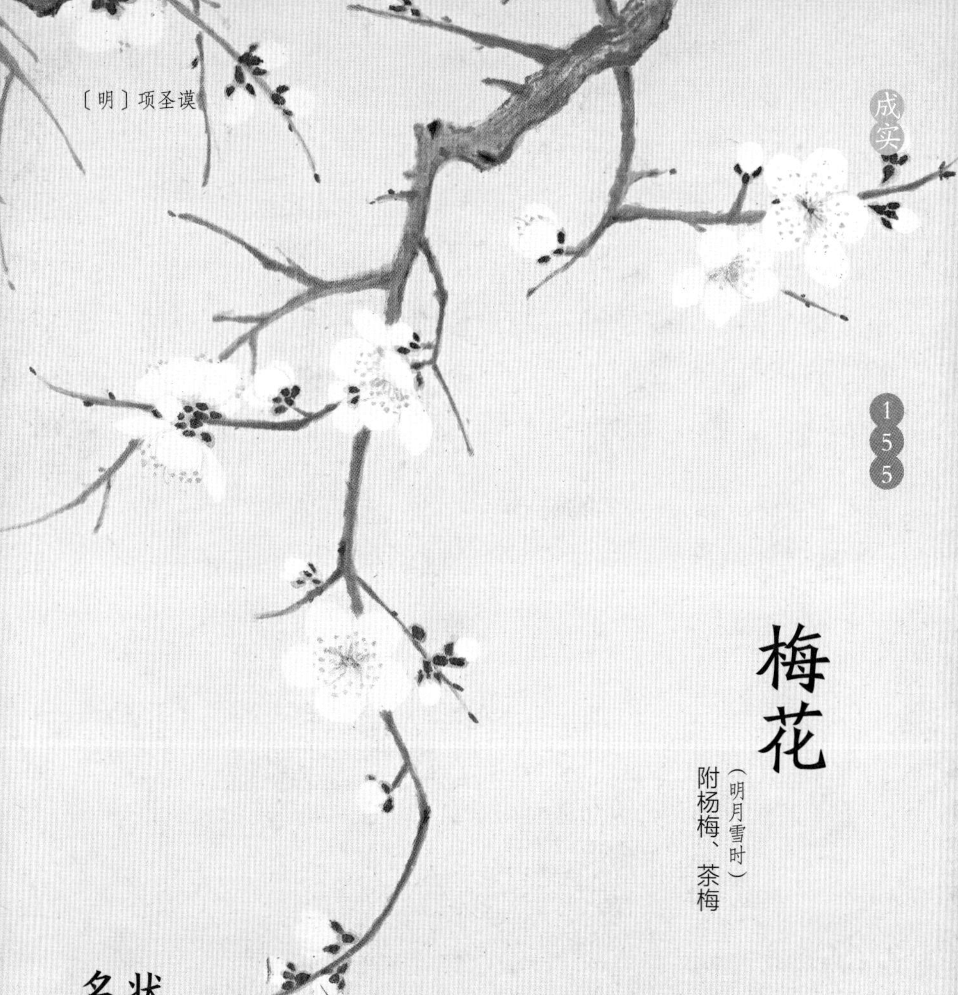

梅花

（明月雪时）

附杨梅、茶梅

名状

一名䕨，亦作某。先众木而花。绿者惟绿萼梅，红者有透骨红、千叶、鹤顶、鸳鸯、双头红等种，白者有玉蝶、冠城、重叶等种。

栽种

八月内移植，五六月间日色宜足。登盆者以片瓦遮根，勿使土伤热湿。夏月宜肥沃以粪水。插瓶用盐水能耐久。用腌肉汁去浮油，或煮鲫鱼汤，热入瓶，插之可结实。

附录

杨梅，一名杌子，二月开花，实如楮实，有白、红、紫三色。茶梅，十一月开花，如鹅眼钱[1]，粉红色，黄心，能耐久。

注释

〔1〕鹅眼钱：古钱币术语。指古代一种钱体形状、大小如鹅眼的劣质钱币。

译文

【名状】又名蕱，也叫作某。在众木开花之前开花。绿色的只有绿萼梅，红色的有透骨、千叶、鹤顶、鸳鸯、双头红等品种，白色的有玉蝶、冠城、重叶等品种。

【栽种】八月移植栽种，五六月最好保证光照充足。盆栽时用瓦片遮盖住根部，不要使土壤湿热。夏天适宜浇上粪水使土壤肥沃，瓶插时用盐水浸养能够保存更长时间。将去除浮油后腌肉的汁或者煮好的鲫鱼汤，趁热的时候倒入瓶里，插种的梅花可以结果实。

【附录】杨梅，又名杌子，二月开花，果实像楮树的果实，有白、红、紫三种颜色。茶梅，十一月开花，形如鹅眼钱的花，花瓣粉红色，花芯黄色，花期较长。

〔明〕项圣谟

海棠（可人如玉）

附贴梗海棠

名状

木瓜海棠，结子如木瓜，可食。其柔枝长蒂者，为垂丝海棠。枝梗略坚者，为西府海棠。花俱艳丽，《群芳谱》谓其绰约[1]如处女，有翛然[2]出尘，俯视众芳之概。

栽种

核生者，十数年方有花，不如接枝者易。冬月可压，一年后移栽，二月分旁条种之易活。冬至日浇以糟水，壅以麻屑，来岁发花倍盛。此花无香而畏臭，不宜粪。

或云："惟贴梗忌之，余不忌也。"插瓶用薄荷包根，更用薄荷水养之能耐久。

附录

贴梗海棠，丛生，色赤如朱砂。

注释

〔1〕绰（chuò）约：形容女子姿态柔美的样子。

〔2〕翛（xiāo）然：形容无拘无束、自由自在的样子。

译文

【名状】木瓜海棠，结的果实像木瓜，可以食用。其中枝条柔软长蒂的是垂丝海棠。枝条略微坚硬的是西府海棠。所有品种花朵都鲜艳美丽，《群芳谱》中称它们像少女般姿态柔美，有种自然出众、傲视群芳的气质。

【栽种】核生的海棠，十几年才会开花，不如嫁接的开花容易。冬天可以压条繁殖，一年之后移植栽种，二月分株栽种容易成活。冬至那天浇上糟水，盖上亚麻屑，来年开的花会更加茂盛。这种花没有香味，而且怕臭，最好不要浇粪水。有人说："只有贴梗海棠忌粪，其他品种的海棠都不忌讳。"瓶插时用薄荷包住根部，再用薄荷水浸养，花朵保持的时间更长久。

【附录】贴梗海棠，丛生，颜色像朱砂一样红。

杏（月明华屋）

名状

一名甜梅。二月花开，未开纯红，至开则纯白。有金杏、白杏、沙杏、梅杏、木杏、山杏诸种。花五出，有六出者，必双仁，有毒。

〔清〕余穉

栽种

取熟杏带肉埋粪壤，则结实味美。以桃树接杏，则结果红而大，耐久不枯。

译文

【名状】又名甜梅。二月开花，未开的花苞为纯红色，开放之后则呈纯白色。有金杏、白杏、沙杏、梅杏、木杏、山杏等品种。花朵五瓣，若有六瓣的，（果实）必定有两个果仁，有毒。

【栽种】取成熟的杏带果肉埋入粪土中，结出的果实就会味道鲜美。用桃树嫁接杏，结的果实则会又红又大，而且能长久不枯萎。

桃

（隔溪渔舟）

名状

二月花开，有单瓣、千瓣，红、白、粉红诸色。其种有昆仑桃，一名王母桃，一名仙人桃，一名冬桃，出洛中，表里彻赤，得霜始熟。日月桃，一枝开红、白二色花。人面桃，花粉红千瓣，不实。绯桃，俗名苏州桃，花如剪绒[1]。鸳鸯桃，千瓣深红，结实必双。又有方桃、扁桃、巨核桃、金桃、银桃、绛桃、毛桃诸种。

〔清〕董诰

栽种

取熟桃连肉全埋坑内，来岁生芽，则结实肥美。或云：“将桃核刷净，女子艳妆种之，则花艳而子离核。”于初结实之次年，斫去其树，令复生。又斫又生，则根入地深而盘结，可百年。老树以刀蠡皮去其胶，则多活。春日舂根下土，结实时横斫其干数下，则实不坠。以多年竹灯檠悬树梢，则虫自落。

注释

〔1〕剪绒：花名，石竹的一种。

译文

【名状】二月开花，有单瓣、重瓣之分，以及红色、白色、粉红几种颜色。包含的品种有昆仑桃，又名王母桃、仙人桃、冬桃，产自洛阳，里面、外面都是红色的，下霜了才开始成熟。日月桃，一根枝条上开红色、白色两种花。人面桃，花朵为

重瓣，粉红色，不结果实。绯桃，俗名苏州桃，花朵与剪绒相似。鸳鸯桃，花朵为重瓣深红色，结的果实数量必定成双。还有方桃、扁桃、巨核桃、金桃、银桃、绛桃、毛桃等品种。

【栽种】摘取熟透的桃连同果肉一起埋入坑内，来年就会发芽，结的果实肥腴鲜美。有人说："将桃的核刷洗干净，让带艳妆的女子去栽种它，就会开花鲜艳而且果肉离核。"在第一次结果的下一年，砍断桃树，使它再生。再砍再生，根就会深深扎入地中且虬曲盘结，存活数百年。用刀刮去老桃树皮上的胶，桃树就可以多存活一段时间。春天翻松桃树根部周围的土壤，结果实的时候在树干上砍几下，结的果实就不会掉落。将年久的竹灯悬挂在树梢上，害虫就会自动掉落。

李

名状

一名嘉庆子。花色白，实有红、紫、黄、绿、外青内白、外青内红之异。又有麦李、季春李、冬李、青皮李、赤驳李、黄扁李等数十种。

栽种

春月取根旁小枝种之，易活。正月一日或十五日，以砖石着树歧枝中，腊月、正月以杖微打树歧，均令多实。

禁忌

不沉水者，不可食。忌术，忌蜜，忌雀肉，忌临水食。

译文

【名状】又名嘉庆子。花朵白色，果实有红色、紫色、黄色、绿色、外绿内白、外绿内红的差异。还有麦李、季春李、冬李、青皮李、赤驳李、黄扁李等十几个品种。

【栽种】春天切下根部生长的蘖苗栽种，容易成活。正月一日或十五日，将砖石放在树杈、树枝中，腊月、正月用棍棒轻打树杈，都可以使其多结果实。

【禁忌】不沉水的果实不能吃。不可与白术、苍术同食，不可与蜂蜜同食，不可与雀肉同食，不可在刚饮水后食用。

梨花

（乘月返真）

名状

一名果宗，一名玉乳，一名快果，一名蜜父，有水梨、赤梨、青梨、甘梨、秋梨诸种。

栽种

熟时全埋之粪壤中，明年春生芽，及冬附地刈[1]之，以炭火烧铁器烙之，扦土中得活。上巳[2]无风，则结梨必佳。

注释

〔1〕刈（yì）：割。

〔2〕上巳（sì）：旧时节日名，即上巳节，每年农历三月三日。

译文

【名状】又名果宗、玉乳、快果、蜜父，有水梨、赤梨、青梨、甘梨、秋梨等品种。

【栽种】果实成熟后全部埋入含有粪便的土壤中，次年春天即可发芽，冬天齐地修剪，用炭火烧热铁器后灼烧枝条，插入土中即可成活。上巳节无风的话，结的梨必为佳品。

〔明〕项圣谟

石榴（期之以实）

名状

一名若榴，一名丹若，一名金罂，一名天浆。汉张骞从西域安石国带归，故名安石榴。有大红、粉红、黄、白四色。有火石榴、番花榴、富阳榴、海榴、河阴榴、黄榴诸种。

栽种

春日分栽，亦可扦。霜降后取实悬风处阴干。冬月勿冻，来岁二月剖开，分子种之，半月后便生。性喜肥，浓粪浇之亦无忌。日午时灌之尤易茂。稼榴法：“端午日以红裙系树，酌酒酬之则能实。一云以石块置树叉间，则结子不落。”

译文

【名状】又名若榴、丹若、金罂、天浆。汉朝时张骞从西域安石国带回，因此得名安石榴。有大红、粉红、黄、白四种颜色。有火石榴、番花榴、富阳榴、海榴、河阴榴、黄榴等品种。

【栽种】春天分栽，也可以扦插繁殖。霜降之后摘取果实悬放在通风的地方阴干。冬天不要使其受冻，来年二月剖开果实，取出种子进行栽种，半个月后就能生根发芽。喜肥，即使用很浓的粪水浇灌也无妨。正午时浇灌尤其容易生长茂盛。种石榴的方法：“端午时把红裙系在石榴树上，再把酒浇在上面就能结果实。有说法是将石块放在树叉间，结的果实就不会掉落。”

枣

（不取诸邻）

名状

一名木蜜，有壶枣、乐氏枣、羊枣、乐陵枣、谷城紫枣、西王母枣诸种。

栽种

叶始生时，分旁条易活。正月一日日出时，反斧斑驳椎之，名“嫁枣”，令多实而不落。

制用

枣有百益，惟多食伤齿，故《清异录》[1]云：“百益一损者枣。”《齐民要术》[2]云：“旱涝之地，不任稼穑[3]者，种枣则任矣。”

注释

〔1〕《清异录》：北宋陶谷所撰的一部笔记小说，汇录了一些事物的异名新说和逸闻琐事，有一定的文学和史料价值。

〔2〕《齐民要术》：中国农学家贾思勰所著的一部综合性农学著作，也是世界农学史上最早的专著之一。

〔3〕稼穑（sè）：种植叫“稼”，收割叫“穑”。

译文

【名状】又名木蜜，有壶枣、乐氏枣、羊枣、乐陵枣、谷城紫枣、西王母枣等品种。

【栽种】刚开始长叶的时候，分株容易成活。正月一日日出时，用斧背（在枣树基部或分枝处）环周捶打，叫作“嫁枣”，这样可以使（枣树）多结枣且枣不掉落。

【制用】枣有很多好处，只是多吃的话会损伤牙齿，因此《清异录》中记载：“有多种好处一种害处的东西就是枣。”《齐民要术》中记载：“旱涝的土地，不能耕种与收获，但可以种枣。”

唐棣[1]

（所思不远）

名状

一名郁李，一名爵梅，一名雀梅，一名下车李，又名栘，俗呼为郁李。其花先开而后合，故曰偏反。实似樱桃，可食。

栽种

性好洁，喜暖，宜栽高燥处。

注释

〔1〕唐棣：亦作“棠棣”。

译文

【名状】又名郁李、爵梅、雀梅、下车李、栘，俗称郁李。花朵先开后合，因此又叫偏反。果实像樱桃，可以食用。

【栽种】喜洁净、温暖的环境，适宜栽种在地势高且干燥的地方。

木瓜

（若为平生）

名状

一名楙，一名铁脚梨。春末开花，色红带白，实如小瓜。

栽种

秋季分根种之易活，次年便结子，香而甘酸不涩，食之益人。

制用

花治面黑，粉滓用醋浸一日方可食。根皮煮汁治霍乱。

译文

【名状】又名楙、铁脚梨。春末开花，花色红中带白，果实像小瓜一样。

【栽种】秋天分根栽种容易成活，第二年就结果，果实味香且酸甜不涩口，吃了对人有好处。

【制用】花有助于治疗面黑，粉末用醋浸泡一天后才可食用。根皮煮出的汁服用后有助于治疗霍乱。

葡萄

（如酥满酒）

〔清〕金农

名状

一名蒲桃，一名赐紫樱桃。有水晶葡萄、马乳葡萄、紫葡萄、绿葡萄、琐琐葡萄诸种。

栽种

二月可扦，以米泔水[1]浇之则茂。冬月畏寒，宜全埋土中。

制用

酿酒最佳，故酒有葡萄之目。

注释

〔1〕米泔水：即淘洗食米的水。

译文

【名状】又名蒲桃、赐紫樱桃。有水晶葡萄、马奶葡萄、紫葡萄、绿葡萄、琐琐葡萄等品种。

【栽种】二月可以扦插，用米泔水浇灌会生长茂盛。冬天害怕寒冷，最好将枝条修剪后全部埋在土里。

【制用】酿酒最好，因此有葡萄酒这一品目。

枇杷

（如矿出金）

名状

一名卢橘，四时不凋。秋萌，冬开白花，来岁四月成实，备四时之气，故甘平益人。

〔清〕恽寿平

栽种

八月移栽。花开时镊去其心，则实大而无核。用腊水同薄荷一握、明矾少许，投果其中，颜色不变。

译文

【名状】又名卢橘，四季都不凋谢。秋天发芽，冬天开白色花朵，来年四月结果。（果实）具备四季的佳气，因此味甘、性平，有益于人。

【栽种】八月移植栽种。开花时镊去花芯，果实就会硕大且无核。用腊月的水同薄荷一把、明矾少许混合后，将（枇杷）果实放入其中，果实颜色就不会变化。

来禽

（幽鸟相逐）

名状

一名林檎，一名蜜果，一名冷金丹。唐高宗时，纪王李谨得五色果以献，帝赐文林郎，人因呼为文林郎果。有金、红、水、蜜、黑诸种。其别种为柰，有素柰、丹柰、绿柰之别，亦名频婆。

制用

林檎百枚蜜浸十日，别取蜂蜜五斤、细丹砂末二两，搅拌封泥，一月出之，阴干，饭后食一两枚，能益人，名“冷金丹”。每百颗取二十颗，捶碎煎水，候冷浸磁器中，密封可耐久。

译文

【名状】又名林檎、蜜果、冷金丹。唐高宗时，纪王李谨得到了一种五色的果实进献给皇帝，皇帝赐他为文林郎，人们因此称这种果实（来禽）为文林郎果。有金来禽、红来禽、水来禽、蜜来禽、黑来禽等品种。它的别种叫柰，有素柰、丹柰、绿柰之分，也叫频婆。

【制用】把百枚林檎放在蜜中浸泡十天后，另取五斤蜂蜜、细丹砂末二两，放在一起搅拌均匀后用泥密封，一个月后取出，阴干，饭后吃一两枚，对人体有好处，被称为“冷金丹”。每一百颗（来禽）里挑取二十颗，捶碎后用水煎煮，凉后浸泡于瓷器之中，密封起来可以存放很久。

樱桃

（时闻鸟声）

名状

一名英桃，一名莺桃，一名含桃，一名朱樱。黄者为蜡樱，小而红者为樱珠，深红者为朱樱，紫皮上有黄点者为紫樱，核细而肉厚者为崖蜜。春月分根旁小枝种之。梅雨时可扦。

译文

【名状】又名英桃、莺桃、含桃、朱樱。果实黄色的是蜡樱，小而红的是樱珠，深红的是朱樱，紫色的皮上有黄点的是紫樱，核小而肉质厚的是崖蜜。春天切下根部生长的蘖苗栽种。梅雨时节可以扦插。

香橼

（俱似大道）

附橘、金橘、香橙、柑、柚

名状

一名枸橼。春月开小白花，香甚烈，结实如小瓜而圆。其树小而实大者，名三台橼。

栽种

喜肥恶湿，冬月分移。

附录

橘，一名木奴，有黄橘、绿橘、卢橘、蜜橘、荔枝橘诸种，以闽州所产，世称福橘者为最。金橘，一名金柑，一名夏橘，一名小木奴，以实圆大而甜者为贵。香橙，一名枨，一名金球，实似柚而香。柑，一名木奴，一名瑞金奴，实似橘，霜后始熟。柚，一名条，一名櫾，一名壶柑。《尔雅》谓之櫠，又曰椵。《广雅》谓之镭，以生两湖[1]者为美。

注释

〔1〕两湖：湖南、湖北两省合称为“两湖”。

译文

【名状】又名枸橼。春天开白色小花，香气浓郁，结的果实像圆圆的小瓜。其中树小而果实大的，名叫三台橼。

【栽种】喜肥，不喜潮湿，冬天分株移植。

【附录】橘，又名木奴，有黄橘、绿橘、卢橘、蜜橘、荔枝橘等品种，其中以闽州出产的世称福橘的为最好。金橘，又名金柑、夏橘、小木奴，以果实圆大且味道甜美的为最珍贵。香橙，又名枨、金球，果实像柚且具有香味。柑，又名木奴、瑞金奴，果实像橘，下霜之后才开始成熟。柚，又名条、櫾、壶柑。《尔雅》中称它为櫠，又叫椵。《广雅》中称它为镭，以生长于湖南、湖北的最珍美。

谏果

（少回清真）

名状

一名青果，一名橄榄，一名忠果。二月花开结子，至秋后方熟。

制用

与栗子同食味益美而无渲滓。核仁甘平无毒，小儿食之能益慧。

以木作桨，拨鱼皆得，鱼遇之如死。捣汁治鱼鲠。

译文

【名状】又名青果、橄榄、忠果。二月开花结果，果实秋后才会成熟。

【制用】和栗子一起食用味道更美，而且没有渣滓。核仁味甘、性平、无毒，小孩吃了会变得更聪明。

用它的木头做桨，拨到的鱼都能捕到，因为鱼碰到它就像死了一般。果实捣烂成汁咽下后可以治疗鱼刺卡喉。

佛手

（落落元宗）

名状

木似朱栾[1]而叶尖长。实如人手，有指，长者尺余，香气甚烈。

栽种

植之近水处乃生。

制用

置衣笥[2]中，经岁犹香。糖煎、蜜煎作果甚佳，能通气散郁。

注释

〔1〕朱栾：柚的一种。

〔2〕衣笥：盛放衣服的竹器。

译文

【名状】树木形似朱栾而叶片尖长。果实形如人手，且如手指状，长的有一尺多，香气很浓郁。

【栽种】种植在靠近水的地方就会成活。

【制用】放置在衣笥中，过一年仍然有香味。适合用糖或蜜熬煮后做成果子，具有通气散郁的功效。

柿树

（萧萧落叶）

名状

一名朱果。《吴都赋》称君迁，即牛奶柿也。有朱柿、黄柿、蒸饼柿、八棱柿、无核柿诸种。柿有七绝：一多寿，二多阴，三无鸟巢，四无虫蠹，五霜叶可玩，六佳实可啖，七落叶肥大可以临书。

制用

糯米一斗，干柿五十个，捣如泥，蒸熟食极佳，能止小儿下痢。柿霜〔1〕能生津、化痰、定咳。以干柿一斤和生甘草四两捣烂，治便红极效。

注释

〔1〕柿霜：中药名，为柿子制成柿饼时外表所生的白色粉霜。

译文

【名状】又名朱果。《吴都赋》中称之为君迁，即牛奶柿。有朱柿、黄柿、蒸饼柿、八棱柿、无核柿等品种。柿树有七绝：一是生命力强，寿命长；二是浓荫蔽日；三是其上没有鸟窝；四是其上没有虫蠹；五是经霜的柿树叶可堪把玩；六是果实味美可食用；七是落叶肥大可供临书之用。

【制用】将一斗糯米、五十个干柿一同捣碎成泥，蒸熟后食用极其美味，且有助于治疗小儿痢疾。柿霜能够生津液、化黏痰、止咳嗽。将一斤干柿和四两生甘草混合捣碎，对便血有极好的治疗效果。

美荫

武进　徐寿基（桂珏）

［清］恽寿平

卉木萋萋[1]，其叶沃若[2]。来游来歌[3]，勿剪勿伐[4]。其风肆好[5]，可以栖迟[6]。荟兮蔚兮[7]，中心贶之[8]。录美荫第五。

注释

〔1〕卉木萋萋：语出《诗经·小雅·出车》。云："春日迟迟，卉木萋萋。"卉木萋萋，花木茂盛的样子。

〔2〕其叶沃若：语出《诗经·卫风·氓》。云："桑之未落，其叶沃若。"沃若，润泽貌。

〔3〕来游来歌：语出《诗经·大雅·卷阿》。云："岂弟君子，来游来歌。"来游来歌，来游玩、歌唱。

〔4〕勿剪勿伐：语出《诗经·召南·甘棠》。云："蔽芾甘棠，勿剪勿伐。"剪，剪其枝叶也。伐，伐其条干也。

〔5〕其风肆好：语出《诗经·大雅·崧高》。云："其风肆好，以赠申伯。"风，声也，原指音韵，此处指风景。肆，很、特别。

〔6〕可以栖迟：语出《诗经·陈风·衡门》。云："衡门之下，可以栖迟。"栖迟，游玩休憩。

〔7〕荟兮蔚兮：语出《诗经·曹风·候人》。云："荟兮蔚兮，南山朝隮。"荟、蔚，草木茂盛之貌。

〔8〕中心贶（kuàng）之：语出《诗经·小雅·彤弓》。云："我有嘉宾，中心贶之。"中心，即内心。贶，赏赐。

译文

花木繁盛，叶片润泽。来这里游玩、歌唱，千万不要随意修剪、砍伐。（这里）风景美好，可以游玩休憩。草木茂盛，我内心很是赞赏。录为美荫第五。

松树

（寥寥长风）

名状

三针者为栝子松[1]，七针者为米松。有赤松、白松、罗汉松诸种。

栽种

春月下子，移植宜在冬至后，春社[2]以前。性忌湿。

制用

松子清心润肺。松花除风止血，治痢，和沙糖作饼甚香美。松脂、松皮、松叶皆入药。

注释

〔1〕栝（guā）子松：松的一种。

〔2〕春社：古老的汉族传统民俗节日之一，时间一般在春分前后。

译文

【名状】叶为三针的是栝子松，七针的是米松。有赤松、白松、罗汉松等品种。

【栽种】春天播种，冬至后、春分前移栽。忌潮湿。

【制用】松子可以清心润肺。松花能够祛风止血，治疗痢疾，和砂糖一起做成饼十分清香美味。松脂、松皮、松叶都可以入药。

柏树

（矫矫不群）

附璎珞柏

名状

叶圆而有刺者为刺柏，扁而光者为侧柏。

栽种

春月下子，移植宜于雨中。

制用

子、叶皆入药。

附录

枝叶下垂者为璎珞柏，即桧竹。

译文

【名状】叶片圆而有刺的是刺柏，扁平而光滑的是侧柏。

【栽种】春天播种，适宜在雨中移植。

【制用】种子、叶片都可以入药。

【附录】枝叶下垂的是璎珞柏，即桧竹。

竹

（座中佳士）

名状

大者为猫竹。纤细而短者为凤尾竹。内实而节疏者为慈竹，又名实竹。色理如铁者为黑竹。叶如棕，节密而中实者为桃丝竹。粗可砺指甲者为篾（sī）篣（láo）竹。生江浙者又有紫竹、扁竹、方竹。广东有相思竹，辰州[1]有龙孙竹，剡山[2]有人面竹，黎母山[3]有大节竹，瓜州有无节竹，占城国[4]有藤竹、观音竹。

栽种

竹性西南行，须于此取新根于东北角种之。又喜闻雷声，鸣锣种之易茂。五月十三为竹醉日[5]，可移。一云："春月皆可移，冬月宜肥，尤可移。八月内生根，谓之行鞭，可取种。"凡种竹有八字诀云："密种，疏种，深种，浅种。"密种者，四五株为一处；疏种者，每一处须间数尺地；深种者，根上宜加土令高；浅种者，入土不宜过深。埋死猫于地，能引隔墙之竹。

注释

〔1〕辰州：今湖南怀化市北部地区。

〔2〕剡（yǎn）山：我国古代神话传说中的名山。据《山海经》记载，剡山属于东方第四列山系，位于子桐山东北方二百里。

〔3〕黎母山：不仅是海南的名山，更是黎族人民的始祖山，以瀑布多而著名。

〔4〕占城国：古国名，位于今越南中南部。

〔5〕竹醉日：中国传统的民俗节。相传这天竹醉，种竹易活，所以成为栽竹之日。

译文

【名状】株型大的是猫竹。茎干纤细而短小的是凤尾竹。茎干内部实心而竹节稀疏的是慈竹，又叫作实竹。颜色像铁的是黑竹。叶子像棕叶，竹节密且茎干实心的是桃丝竹。竹

质粗糙可以磨指甲的是篾箬竹。生长在江浙一带的还有紫竹、扁竹、方竹。广东有相思竹，辰州有龙孙竹，剡山有人面竹，黎母山有大节竹，瓜州有无节竹，占城国有藤竹、观音竹。

【栽种】竹子喜欢朝西南方向生长，须在此处分株后植于东北角。(竹)又喜欢听打雷声，种植竹时鸣锣可以使其生长繁茂。农历五月十三日是竹醉日，(这一天)可以移栽。有一种说法是："春天可以移栽，冬天适宜施肥，也十分适合移栽。八月生根，称之为行鞭，可以挖取栽种。"种竹有八字口诀："密种，疏种，深种，浅种。"所谓密种，就是把四五株竹种在一起；所谓疏种，就是每处栽种地之间要间隔几尺；所谓深种，就是在根部覆盖较深的土壤；所谓浅种，就是竹根埋土不能太深。把死猫埋在地下，能够引来隔墙的竹子。

芭蕉

（画桥碧阴）

附美人蕉、凤尾蕉①

名状

一名甘蕉，一名芭苴，一名大苴，一名绿天，一名扇仙。凡草木皆落叶，此独不落。

栽种

三年以上者即作花，似倒垂菡萏〔1〕，花苞中有蕊，味如甘露。分根旁小株，种之易活。冬月宜筑土令坚，不令入水。将草封固，一两岁便能作花。以油簪横贯之，便不易长，可作盆玩。

制用

蕉根有两种，一种粘者为糯蕉，取作大片，灰汁〔2〕煮熟，去灰汁，再易清水煮，压干可食，味极美。

附录

美人蕉，草本，春月子种可生。开小红花，实如豌豆而黑。又有朱蕉、黄蕉、牙蕉、胆瓶蕉，皆蕉之别种。凤尾蕉，一名蕃蕉，又名铁树，能解火患，产于铁山。如少萎，以铁锥烧红穿之即活，平常以铁屑壅之则茂而生子。分种易活。

校勘

①“附美人蕉、凤尾蕉”，依据全书体例，原文标题中应遗漏附录内容。

注释

〔1〕菡（hàn）萏（dàn）：古人称未开的荷花为菡萏。

〔2〕灰汁：植物灰浸泡过滤后所得之汁。

译文

【名状】又名甘蕉、芭苴、大苴、绿天、扇仙。凡是草木都会落叶，但唯独芭蕉不落叶。

【栽种】株龄三年以上的植株就可以开花，（花朵）像倒垂的荷花苞一样，花苞中有花蕊，味道似甘露。切下根部生长的蘖苗栽种容易成活。冬天适宜筑土予以加固，不让水灌入。用草覆盖严密的活，一两年就可以开花。以油簪横穿其根部，会抑制其生长，可以当作盆景把玩。

【制用】芭蕉的根有两种，一种黏的是糯蕉，取一大块，用灰汁煮熟后倒掉灰汁，再换上清水煮，压干之后就可以食用了，味道十分鲜美。

【附录】美人蕉，草本植物，春天播种可以生长。开小红花，果实形如豌豆、黑色。还有朱蕉、黄蕉、牙蕉、胆瓶蕉等，都是蕉的别种。凤尾蕉，又名蕃蕉、铁树，具有防火性，产自铁山。如果有稍许枯萎，烧红铁锥后穿透它就可以焕发活力，平时用铁屑培壅便会生长繁茂并结果。分株繁殖容易成活。

椿

（来往千载）

名状

一名櫄[1]，一名杶[2]，一名橁[3]，今名香椿，易长而多寿。

注释

〔1〕櫄（chūn）：古同“椿”。

〔2〕杶（chūn）：古同“椿”。

〔3〕橁（chūn）：香椿。

译文

【名状】又名櫄、杶、橁，现名香椿，容易生长而且寿命长。

榆

（载瞻星辰）

名状

一名零，一名枢，有荚榆、白榆、刺榆、榔榆等类，凡数十种。

制用

五年堪作椽[1]，十年可作器用，十五年可作车毂。嫩叶淘净可炸食，榆钱可为饼羹，榆皮晒干研粉可为粥。

注释

〔1〕椽（chuán）：椽子。指放在檩子上架屋瓦的木条。

译文

【名状】又名零、枢，有荚榆、白榆、刺榆、榔榆等数十个品种。

【制用】株龄五年的榆树可以用作盖房的椽子，株龄十年的榆树可以做成器具，株龄十五年的榆树可以用来做车毂。嫩叶洗净后可以炸着吃，榆钱（果实）可以做饼、做羹，榆树皮晒干研成粉末后可以做粥。

槐

（高人画中）

名状

一名櫰。叶细而色青绿，其弱干紫花，昼合而夜开者为守宫槐。一名紫槐。似楠而叶小者为白槐，叶大而黑者为櫰槐，枝叶下垂者名龙爪槐。其树上应虚宿〔1〕之精，四五月开黄花，八九月结实如荚，又如连珠。

栽种

收子晒干，夏至前水浸生芽，种之易活。

制用

初生嫩芽炸熟，泡去苦味，晒干可代茶，饮之益人。服槐实能补脑（又鹊食槐实而结玉于脑，并见《酉阳杂俎》〔2〕）。

注释

〔1〕虚宿：我国古代神话中二十八宿之一，亦属北方七宿之一。

〔2〕《酉（yǒu）阳杂俎（zǔ）》：唐代笔记小说集。

译文

【名状】又名櫰。叶片细小而呈青绿色，枝干柔弱，开紫色花且叶片白天聚合、夜间舒展的叫守宫槐。还有一个品种叫紫槐。叶子较小而类似楠树叶的是白槐，叶子大且呈黑色的是櫰槐，枝叶下垂的是龙爪槐。槐树着虚宿之精华，四五月开黄花，八九月结像豆荚一样的果实，如串珠状。

【栽种】采收种子后晒干，夏至前用水浸泡使其发芽，种下即容易成活。

【制用】初生的嫩芽炸熟后，用水浸泡去除苦味，晒干后可代茶饮，饮用后对人体有好处。吃槐树的果实能够补脑（另有传说喜鹊吃了槐树的果实后脑子里会结出玉，这一说法载于《酉阳杂俎》）。

桑树

（花覆茅檐）

名状

小而条长者为女桑。种类甚多，以湖州接桑名荷叶白为最，荆桑、鲁桑皆不及。

栽种

二月下子，以草灰盖之即生。冬月烧其头则来年益茂。恶湿喜肥，根旁不可有草。夏秋间有桑牛[1]生子皮内，则树上流水成痈，急宜剔去，否则长成虫蛀，树即枯死。

注释

〔1〕桑牛：一种主要为害桑树的害虫。

译文

【名状】株型小而枝条长的是女桑。桑树种类很多，其中产自湖州的接桑中名叫荷叶白的品种最好，荆桑、鲁桑都不及（荷叶白）。

【栽种】二月播种，用草灰覆盖就可以生长。冬天烧其顶部则来年生长更茂盛。忌潮湿、喜肥沃，根旁不能有杂草。夏秋间若有桑牛出现于枝干的皮下和木质部内，树上就会流水化脓，最好立刻去除受损部位，否则长成虫蛀，树木就会枯萎死亡。

梧桐

（眠琴绿荫　附桐花　后引凤凰）

附白桐、冈桐、海冈、刺桐、赪桐

〔清〕冷枚

名状

青桐，一名榇[1]，其木无节而理细，四月开小黄花，子缀瓣上。

栽种

二、三月内取子种之即生，喜栽湿地。

制用

以井上桐树为琴，音尤清亮。花饲猪，肥大三倍。

附录

白桐（一名华桐，一名泡桐，皮色粗白，木质轻虚，不生虫蛀，可作琴瑟。二月开白花如牵牛，华而不实）。冈桐（一名油桐，一名虎子桐，春初开淡红花，实大而圆，榨为油，可入漆油器物）。海桐（生广东，长青不凋，皮可作绳，花细白如丁香）。刺桐（三月开花，色赤，附干而生，形若金凤）。赪桐（身青叶圆，高三四尺便有花，繁红如火）。

注释

［1］榇（chèn）：梧桐。《尔雅》：“榇桐，今梧桐。”

译文

【名状】青桐，又名榇，其木无节且纹理细密，四月开小黄花，种子就缀在花瓣上。

【栽种】二、三月播种即可生长，适宜栽种在潮湿的地方。

【制用】用生长在井边的梧桐做琴，弹出的声音清远响亮。用桐树花饲养的猪，会比普通猪肥大三倍。

【附录】白桐（又名华桐、泡桐，树皮粗糙色白，木质软，不易遭虫蛀，可以斫作琴瑟。二月开像牵牛花一样的白花，只开花不结果）。冈桐（又名油桐、虎子桐，初春开淡红色的花，果实大而圆，用其榨的油，可制成油漆漆刷器具）。海桐（生长于广东，树叶长绿而不凋谢，树皮可以制作绳子，花朵小而白像丁香一样）。刺桐（三月开花，花朵呈红色，攀附枝干生长，形状像金凤一样）。赪桐（枝干呈绿色，叶片呈圆形，长到三四尺高时就会开花，色泽鲜红，像火一般）。

杨柳

（流莺比邻　附杨花　窅然空踪）

附柽柳

名状

枝短硬而叶圆阔者为杨，枝长脆而叶狭长者为柳。山柳赤而脆，河柳白而韧，箕柳丛生而条柔。又有青杨、白杨诸种。

〔清〕王武

栽种

腊月取青嫩枝，高如马低如瓦，随地扦插即活。喜实土，浮则冻死。

制用

箕柳可为筐、篮等器。陶朱公云："种柳千株，可足柴炭。"柳花性苦寒，无毒，治风及四肢挛急、膝痛，贴灸诸疮甚效。柳絮治恶疮及金疮[1]溃痈[2]，逐脓血，止血疗痹。柔软性凉，可作小儿卧褥。又可作印色，胜于艾芮。

附录

柽柳，一名河柳，一名人柳，一名三眠柳，一名雨师，一名长寿柳，一名观音柳，生于碱土地，有赤、白两种。春前扦插易活。《草木子》[3]云："大者为炭，复入炭汁，可点铜为银。"

注释

〔1〕金疮：指刀、箭等金属器械造成的伤口。

〔2〕溃痈（yōng）：指溃烂出脓的疱。

〔3〕《草木子》：明代叶子奇著，内容涉及天文、律历、农圃、昆虫、卉木等。

译文

【名状】枝条短而坚硬且叶片圆而阔大的是杨，枝条长而易折且叶片窄而细长的是柳。山柳枝条色红而易折，河柳枝条色白而坚韧，箕柳丛生且枝条柔软。还有青杨、白杨等品种。

【栽种】腊月折取青嫩的枝条，（砧木开口的部位）高的像马一样高，低的像瓦一样低，随地扦插就可以成活。喜坚实的土壤，土质太过疏松就会被冻死。

【制用】编织柳条可以做成筐子、篮子等器物。陶朱公说："种千株柳树，便可柴炭富足。"柳花味苦，性寒，无毒，可以治疗风湿以及四肢挛急、膝痛等病症，贴灸对于多种疮疥都有很好的疗效。柳絮可以治疗恶疮以及金疮溃痛，还可以拔逐脓血，止血疗痹。其质地柔软且性凉，可以制成小孩的被褥。又可以制成印泥，效果比艾芮更胜一筹。

【附录】柽柳，又名河柳、人柳、三眠柳、雨师、长寿柳、观音柳，生长在碱性土壤中，有红、白两种花色。初春扦插容易成活。《草木子》中说："大的烧成炭后浸入炭汁，所得之物可以点铜成银。"

临波

武进　徐寿基（桂珏）

〔清〕金农

彼泽之陂[1]，泉流既清[2]。左右采之[3]，遵彼微行[4]。于沼于沚[5]，其叶湑兮[6]。溯洄从之[7]，我心写兮[8]。录临波第六。

注释

〔1〕彼泽之陂（bēi）：出自《诗经 · 国风 · 陈风 · 泽陂》。陂，泽障也，即堤岸。

〔2〕泉流既清：语出《诗经 · 小雅 · 黍苗》。云：“原隰既平，泉流既清。”泉流既清，泉水只要流动就能保持清澈。

〔3〕左右采之：语出《诗经 · 国风 · 周南 · 关雎》。云：“参差荇菜，左右采之。”左右，即“向左边，向右边”，形容采荇菜的情状。采，即采摘。

〔4〕遵彼微行：语出《诗经 · 国风 · 豳风 · 七月》。云：“女执懿筐，遵彼微行。”遵，循也。微行，小径也。

〔5〕于沼于沚：语出《诗经 · 国风 · 召南 · 采蘩》。云：“于以采蘩，于沼于沚。”沼，水池。沚，水中的小洲。

〔6〕其叶湑兮：语并出《诗经 · 小雅 · 裳裳者华》和《诗经 · 小雅 · 车辖》。湑（xǔ），叶子茂盛的样子。

〔7〕溯洄从之：语出《诗经 · 秦风 · 蒹葭》。溯洄，逆流而上也。从，追寻的意思。

〔8〕我心写兮：语并出《诗经 · 小雅 · 裳裳者华》和《诗经 · 小雅 · 车辖》。写，通“泻”，宣泄，指欢悦、舒畅。

译文

水泽周围的堤坝，水流清澈。沿着堤坝旁的小径采摘植物。水池中、河洲边的植物枝繁叶茂。逆流而上寻找它们，我的心里十分欢悦。录为临波第六。

莲花（好风相从）

附茄莲、西番莲、铁线莲

名状

一名芙蕖，一名水芝，一名水芙蓉，一名水芸，一名泽芝，有重台、并头、一品、四面、四季、金莲、睡莲、夜舒诸种。

栽种

人家多植缸内，宜和短发[1]琉黄[2]同种。如深缸恐不作花，须以苇箔[3]中隔之，使缸浅而根不下行。春分前种则花在叶上，春分后种则花在叶下。种莲子法：“将老莲实装入鸡卵壳内，令母鸡同子抱。候子鸡出，取天门冬捣末和泥置盆内，将莲子磨穿其尖颖处种之。花大如钱，尤可玩。”

制用

花瓣置书中能辟虫，老莲蓬壳劈如缕丝，洗研极良。荷梗灰淋水洗纺绸衣，去垢如新。清晨花开，置铅粉在内，次日取出，香馥异常。

附录

茄莲（叶似莲，根似萝卜，味甘脆）。西番莲（藤本如铁线莲，花似菊。春至秋花开不绝。压地生根）。铁线莲（花叶俱似西番莲）。

注释

〔1〕短发：此处形容花朵小巧玲珑。

〔2〕琉黄：睡莲属植物。又名硫黄睡莲、硫色睡莲。

〔3〕苇箔：用芦苇织就的帘子。

译文

【名状】又名芙蕖、水芝、水芙蓉、水芸、泽芝，有重台莲、并蒂莲、一品莲、四面莲、四季莲、金莲、睡莲、夜舒荷等品种。

【栽种】人们多把莲花种植在缸里，适宜和花朵小巧的硫黄睡莲一起种植。如果缸太深的话恐怕不会开花，必须用苇箔在缸中隔断，使缸变浅则根就不会往下生长。春分前栽种，花会开在叶片上方；春分后栽种，花就会开在叶片下方。种莲的方法："把老莲子放进鸡蛋壳里，使母鸡同其他鸡蛋一样抱孵。等小鸡孵出后，取天门冬捣碎成末，和泥放置在花盆里，再把莲子尖端磨穿后栽种。（这样种植的莲花）花朵像钱币一样大，尤其值得把玩。"

【制用】花瓣放置书中能够驱虫，老的莲蓬壳劈成丝缕状，刷洗砚台效果很好。荷梗灰淋水后清洗纺绸衣服，可以去除污垢使衣服焕然如新。清晨开花时，放置铅粉在花朵内，第二天取出，十分芳香。

【附录】茄莲（叶片像莲，根像萝卜，味道甘甜清脆）。西番莲（像铁线莲一样的藤本，花朵像菊花。从春天到秋天，开花不断。埋入土中就会生根）。铁线莲（花朵和叶片都像西番莲）。

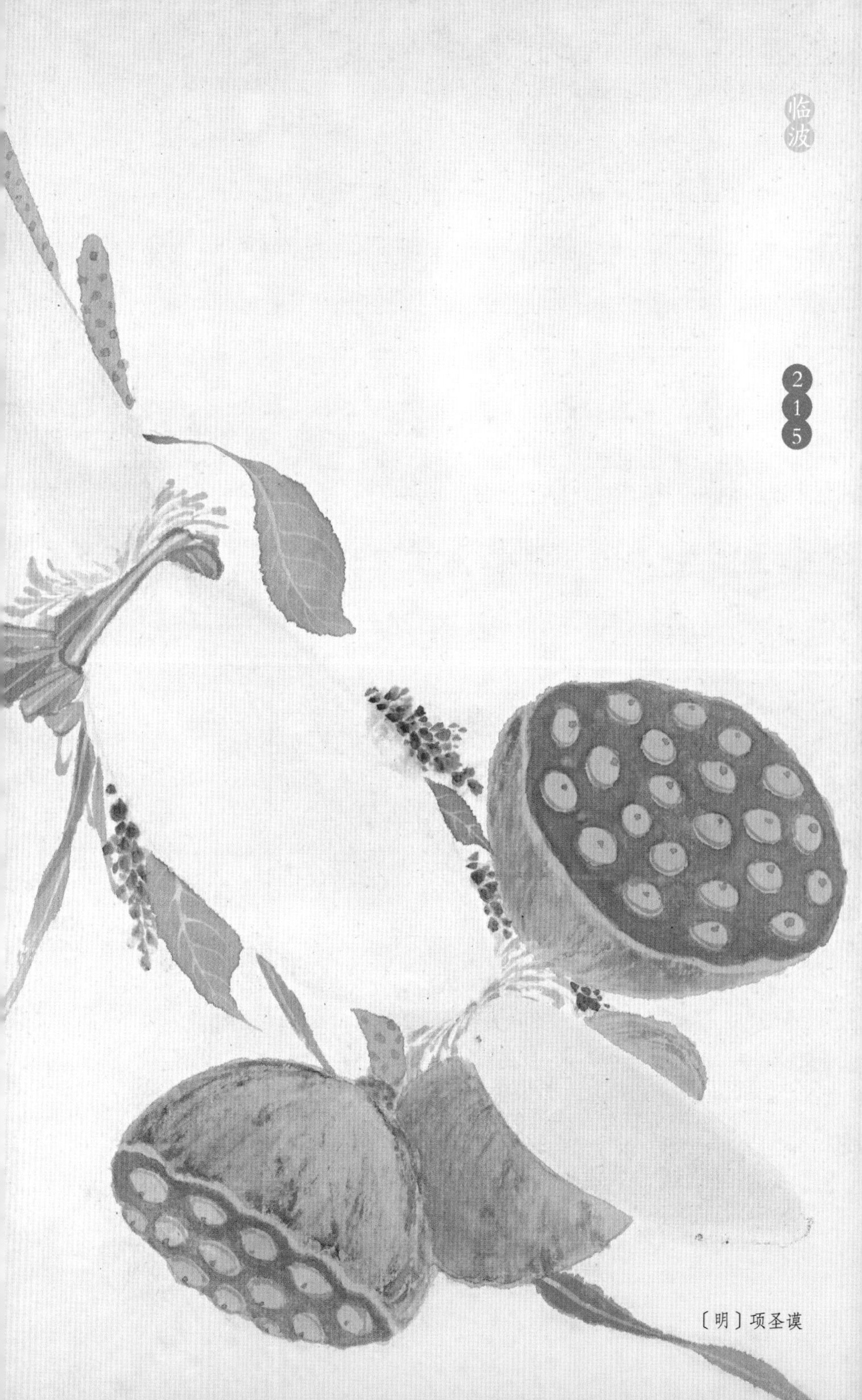

〔明〕项圣谟

水仙

（绝伫灵素）

名状

一名金盏银台。单瓣者，名水仙，亦名冰仙，清香尤绝。重台者，名玉玲珑。

〔清〕邹一桂

栽种

五月初收根，用小便浸一宿，晒干拌湿土，悬当烟火处。至八月取出，瓣瓣分开，用猪粪拌土种之。不可缺水，不犯铁器，自能成颗。以白雪糟水浇之必茂，尤喜咸卤与猪粪。有种诀云："六月不在土，七月不在房。栽向东篱下，寒花朵朵香。"插瓶用盐水能耐久，与梅花同。

译文

【名状】又名金盏银台。单瓣的名叫水仙，也叫冰仙，清香超绝。复瓣的名叫玉玲珑。

【栽种】五月初收集根部，用小便浸泡一夜，晒干后拌上湿土，悬挂在有烟火的地方。到八月取出来，一瓣瓣分开，用猪粪拌着土种下。不缺水，不接触铁器，自己就能生长成一颗颗的。用白雪糟水浇灌必然生长茂盛，尤其喜欢咸卤和猪粪。有栽种口诀说："六月不用在土里，七月不用在房里。种在向东的篱笆下，寒冷时节开放的花会朵朵飘香。"瓶插用盐水的话，能够活得更久，和梅花的瓶插一样。

菱花

名状

一名水栗，一名沙角，一名薢茩。两角者为菱，三角、四角者为芰。五六月开黄白花，花皆背阳，随月转移，犹葵之向日。结实有红、绿二种，绿者为胜。其小如指头者为野菱。

制用

烧壳成灰，染布可为黑色。

译文

【名状】又名水栗、沙角、薢茩。两个角的是菱，三、四个角的是芰。五六月开黄白色的花，花都背阳，随着月亮转移方向，犹如向日葵向日一样。结的果实有红、绿两种，绿的较好。果实像手指头一样小的是野菱。

【制用】果实的壳烧成的灰，可以把布染成黑色。

萍花

（流水今日）

名状

一名水花，一名水白，一名水帘。叶大而面青背紫者为薸。一名紫萍，在止水中，一夕生九子，在流水内不生。

制用

性为阴中之阳，以竹筛承日晒之则死。夏月焚之，可辟蚊虫。《本草》："水萍，胜酒（《周礼》：'萍氏，谨酒'，谓萍不溺也），长须发，久服身轻。"

译文

【名状】又名水花、水白、水帘。叶片大且正面绿、背面紫的是薸。还有一个品种叫紫萍，在静水中，一晚即可大量繁殖，在流动的水中则不会繁殖。

【制用】生性是阴中之阳，放在竹筛上日晒就会死掉。夏天焚烧它，可以驱辟蚊虫。《神农本草经》中记载："水萍可以解酒（《周礼》中记载：'萍氏节制饮酒'，就是说萍不会沉溺于酒），可以长须发，长时间服用能够身轻体健。"

蓼花

（雾余水畔）

名状

一名水荭花，其类甚多，有青蓼、香蓼、紫蓼、赤蓼、水蓼之类，凡数十种。

译文

【名状】又名水荭花，其种类很多，有青蓼、香蓼、紫蓼、红蓼、水蓼几类，共数十个品种。

芦花

（晴雪满汀）

名状

一名苇，一名葭。花名蓬蕽，笋[1]名虇，可食。

注释

〔1〕笋：芦苇一类植物的嫩芽。

译文

【名状】又名苇、葭。花的名字叫蓬蕽，嫩笋的名字叫虇，可以吃。

莼

名状

生水中，即蓴也。一名水葵，一名缺盆花，一名马蹄草，一名雉尾莼，江南湖泽中多有之。

制用

可为菜羹，肥滑而美。

译文

【名状】生长在水里的就是蓴。又名水葵、缺盆花、马蹄草、雉尾莼，江南的湖泊沼泽之中常有。

【制用】可以做菜羹，口感肥美、嫩滑。

荇

（空潭泻春）

名状

一名莕菜，一名凫葵，一名水葵，一名水镜草，似莼而微尖，白茎，根如钗股。夏月开黄花，亦有白者。实如棠梨，中有细子。

制用

治渴，利小便，清热毒。

译文

【名状】又名莕菜、凫葵、水葵、水镜草。像莼菜但叶片略微尖一点，白色的茎，根像钗股一般。夏天开黄花，也有开白花的。果实像棠梨，中间有细小的子。

【制用】解渴，利尿，清热毒。

藻

（明漪绝底）

名状

叶长二三寸，两两相对者名水藻，一名马藻；叶细如丝，节节连生者名水薀，又名牛尾薀，即《尔雅》所云:“莙，牛藻也。”

制用

二藻皆可食，和米面蒸熟甚滑美。捣傅，治热肿。

译文

【名状】叶子长二三寸，两两相对而生的名叫水藻，也叫马藻；叶子细如丝，节节连生的名叫水薀，又叫牛尾薀，即《尔雅》所谓：“莙，即是牛藻。”

【制用】两种藻都可以吃，和米、面蒸熟后嫩滑鲜美。捣碎涂抹，可以治疗热肿。

蒲

（下有漪流）

名状

一名昌阳，一名菖歜，一名尧韭，一名荪。叶肥，根高二三尺者名泥蒲，又名白菖；叶瘦，高二三尺者名水蒲，亦名溪荪；叶有剑脊，高尺余者名石菖蒲。养以沙石，愈剪愈细，茸翠可爱。

制用

书案置之，可收灯烟，不致损目。入药以一寸九节者为良。《孝经援神契》曰："菖蒲益聪。"韩昌黎《进学解》："昌阳引年。"

译文

【名状】又名昌阳、菖歜、尧韭、荪。叶片肥大，根长二三尺的名叫泥蒲，又叫白菖；叶片细窄，长二三尺的名叫水蒲，也叫溪荪；叶片上有剑脊，长一尺有余的名叫石菖蒲。种于沙石之间，越修剪生长越细密，柔软青翠，很是可爱。

【制用】将它放置在书案旁，可以收聚灯火冒的烟，不让烟损害人的眼睛。入药以一寸九节的为好。《孝经援神契》中记载："菖蒲有益于听力。"韩昌黎《进学解》记载："昌阳可以延年益寿。"

二十四风信

小寒

初候梅花，中候山茶，末候水仙。

大寒

初候瑞香，中候兰花，末候山矾。

立春

初候迎春，中候樱桃，末候望春。

雨水

初候菜花，中候杏花，末候李花。

惊蛰

初候桃花，中候棠棣，末候蔷薇。

春分

初候海棠，中候梨花，末候木兰。

清明

初候桐花，中候麦花，末候柳花。

谷雨

初候牡丹，中候荼蘼，末候楝花。

七十二候序录群芳谱

孟春之月

迎春生，樱桃胎，望春盈畔，兰蕙芳，李能白，杏花饰其靥。

仲春之月

桃夭，棠棣奋，蔷薇登架，海棠娇，梨花溶，木兰竞秀。

季春之月

白桐荣，荼蘼条达，牡丹始繁，麦吐华，楝花应候，杨入大水为萍。

孟夏之月

杜鹃翔，木香升，新篁敷粉，罂粟满，芍药相，木笔书空。

仲夏之月

葵赤，紫薇葩，紫椹降于桑，夜合交，榴花照眼，薝卜始馨。

季夏之月

萱宜男，凤仙来仪，菡萏百子，凌霄登，茉莉来宾，玉簪搔头。

孟秋之月

桐报秋，木槿荣，紫薇映月，蓼红，菱实，鸡冠报晓。

仲秋之月

槐黄，蘋笑，芝草奏功，桂香，秋葵高掇，金钱及第。

季秋之月

菊有英，巴竹笋，芙蓉绽，山药乳，橙橘登，老荷化为衣。

孟冬之月

芦传，冬菜莳，木叶避霜，芳草敛，汉宫秋老，苎麻护其根。

仲冬之月

芸生，蕉红，枇杷缀金，枫丹，岩桂馥，松柏后凋。

季冬之月

梅吐蕊，山茶丽，水仙凌波，茗有花，瑞香郁烈，山矾卷发。

十二月课

正月

下茄子、瓜、天罗子、薏米、棉花、苦荬、山药、冬瓜诸般花草。种松、桑、榆、柳、枣、葱、葵、韭、麻椒、牛旁子、竹宜初二日。移树木宜上旬。扦杨柳、木香、长春、佛见笑、蔷薇、石榴、栀子。

二月

下麻子、山药、萝卜、乌豆、豌豆、甘蔗、茱萸、茄瓜、葫芦、凤仙。种槐、茶、苋、薤、木瓜、桐树、决明、百合、胡麻、黄精、竹、枸杞、萱草、苍术、芭蕉、地栗、莴苣、茨茹、芋头。移玉簪、石菊、山茶、山丹、桃、李、梅、枣、柑、柿，俱忌南风火日，宜上旬。扦芙蓉、石榴、木槿。压桑条。

三月

种绿豆、山药、王瓜、旱芝麻、匏瓠、葫芦、栀子、地黄、靛青、丝瓜、甜瓜、扁豆、芋、菠菜、紫苏、黄独、荸荠、木槿、麻子、菱。移椒、茄、百合、枸杞、蒲、栀子。扦接梅、杏。

四月

下芝麻、白苋。种夏萝卜、菘、大豆、紫苏、晚王瓜、葵、绿豆、枇杷、荷根、麻。扦栀子、荼蘼、木香。收萝卜子、蚕豆。

五月

下菘。种晚大豆、菖蒲、晚小豆、香菜、桃、杏、梅、核。栽竹斩桑。收菜子、大蒜、红花、槐花、小麦、靛青、苍耳、萝卜子、苎麻。

六月

种小蒜、冬葱、葫芦、旱萝卜、晚越瓜、油麻、菘菜。浇灌菊花、甘蔗、柑、橘、橙。锄竹园、苎麻地。斫苎麻。收椒、紫苏。

七月

种小蒜、葱、蒿菜、萝卜、赤豆、姜、蔓菁、旱菜、荞麦、胡萝卜、菠菜、芥菜。收藏椒、紫苏、瓜、芙蓉叶。

八月

种大蒜、寒豆、生菜、苦荬、苎麻、大麦、葱、韭以及各种菜、牡丹、芍药、丽春、红花、椒、合桃核。

移早梅、木樨、橙、橘、枇杷、木香。分牡丹、芍药根及各种花果。锄竹园。扦十姊妹。

九月

种椒、茱萸、地黄、蚕豆、柿、蒜、芥菜。移山茶、蜡梅、杂果木。收藏矮菜。

十月

种大小豆、春菜、生菜、萝卜及各菜。接花果。压桑条。收茶子、山药子、桑叶、芋、冬瓜。浇灌树木及花卉。修剪桑树小枝及高枝。

十一月

种小麦、油菜、莴苣、桑树、萝卜。移松、柏、桧。接树木。浇菜。培桑根。壅[1]竹园。扎篱落。

十二月

培桑根。壅竹园。

校勘

① “壅”，原作“拥”，十二月并同，此据周文华《汝南圃史》卷一月令改。

〔明〕项圣谟